|| 改訂版 ||

大学入試

漆原 晃の

物理基礎・物理

［電磁気］が面白いほどわかる本

代々木ゼミナール
講師

漆原 晃

＊本書は、小社より2014年に刊行された『大学入試　漆原晃の　物理基礎・物理
［電磁気編］が面白いほどわかる本』の改訂版です。また、最新の学習指導要領に
対応させるための加筆・修正をいたしました。

はじめに

「先生，電磁気が大ピンチです！」と来る生徒の"決まり文句"

「だって，電気って見えないんだもんっ」の中に，電磁気攻略のポイントがあります。つまり，「目に見えなくてわかりにくい電磁気の現象」を，いかに「目に見える，わかりやすいもの」にしていくかです。

そのために本書は，次の3つの点をトコトン追求しました。

① 言葉や用語を十分に定義する

例えば，「電位100V」と聞いてキミの頭にはどんな映像が見えてくるかな？　もし見えないとしたら，その理由は，ズバリ，言葉や用語の意味やイメージを正しくつかんでいないからなのです。

本書では，「電位」のような抽象的な用語を，その基本的なイメージから応用のきく使い方まで十分に身につくように説明をしています。

② 公式の意味や成り立ちをゼロから説明する

最近の入試では公式の導出過程が超頻出です。そこで，本書で出てくる公式は，すべて知識ゼロからていねいにその意味・成立過程を説明しています。十分に納得した上で公式を使うことができます。

③ 解法パターンを明示する

問題を解くときに，目に見えないからといってむやみやたらに悪戦苦闘するのはナンセンス。逆に，目に見えないからこそ，いつもおきまりのやり方で攻めるべきです。

本書では，各分野ごとに「この分野の問題は，いつもこのように解く」という，シンプルでわかりやすい解法を，例題を通してムリなくマスターできるようになっています。

ぜひ，本書によって，電磁気を入試物理の切り札に成長させてほしいと願っています。

漆原晃

この 本 の 使 い 方

　この本は，STORY，・POINT，チェック問題，**まとめ**の４つの部分から構成されています。この本をより効果的に活用するための使い方のコツは，次の３つです。

1 〉 まず問題に入る前にSTORYの中の本文をじっくり読み込もう。

➡ この本文の中では，まず知識ゼロの状態から始め，そして身につけたい必須知識，難解な概念，陥りやすい落とし穴を，「キャラクター 」とやりとりしながら，マンツーマン感覚で学ぶことができるので，考え方をどんどん吸収できます。

➡ STORYは，「漆原の解法」の導入部にもなっており，本文を読むことで，深く理解した上で解法を活用できるようになります。

2 〉 ・POINTにくるたびに，それまでの話を振り返って確認しよう。

➡ 「物理」は建物と同じで，１つの考えが次の考えの土台になっていきます。ですから，あわてず，じっくりと，・POINTで，それまでの話の要点を確かめながら，読んでいきましょう。

3 〉 チェック問題は，単なる答えあわせに終わらせず，解説まで読もう。

➡ 解説にも「キャラクター 」を登場させて，ミスしやすい盲点部分や解法の根拠などを，生徒の立場に立っていっしょに考えていきます。また，別解によって，視点を変え，物理的センスを養い，本番に役立つ答えの吟味法を身につけます。

➡ 問題レベルは，易，標準，やや難および解答時間が示されているので，参考にしてください。

も く じ

本文イラスト：中口　美保

たはら　ひとえ

物理基礎 の 電磁気

（注）第12章の電流の正体（p.164），
第19章の変圧器の式（p.257）は，「物理基礎」の範囲です。

▲身のまわりには電気現象があふれている

STORY 1 　電気って何だ？

1 身のまわりの静電気

キミが日常生活で目にする静電気現象にはどんなものがあるかな？

> 冬に毛糸のセーターを脱ぐとき，パチパチッと感じます。

　そのほかにも，入道雲がムクムク湧いて，やがてピカッゴロゴロ……。そう，雷だ。さらには，キミがコンビニでコピーをするコピー機，スマホやデジカメなどのメモリーカード，またエレベーターのタッチパネルなど，いろいろな現象や装置が静電気に関係しているよ。

　この章では，そんな静電気の基本を見ていくことにしよう。

2 すべてのモノは，プラスとマイナスの電気でできている。

身のまわりにあるすべての物質は，原子というとても小さな粒からできている。

図1のように，その原子の粒はまるで太陽系の姿のようだ。中心に固定されている太陽に相当するカタマリを原子核というよ。原子核は，さらに陽子⊕と中性子◯からできているね。

そして，そのまわりを回る惑星に相当する粒を電子⊖という。

図1 原子

以上のうちで，陽子⊕はプラス(正)の，電子⊖はマイナス(負)のある一定の決まった量の電気をもっているよ。

 たっぷりと電気をもった「リッチ」な電子⊖とか，ちょびっとしか電気をもっていない電子⊖ってないんですか。

うん，そういう電子⊖はないんだよ。この宇宙にあるすべての電子⊖や陽子⊕は全く同じ大きさの電気量をもっているんだ。そして，その電気量は，どの電子⊖，陽子⊕についても，

> 電子⊖は，$-e = -1.6 \times 10^{-19}$ C $\left(\begin{array}{l}\text{〔C〕：クーロンは}\\\text{電気量の単位}\end{array}\right)$
> 陽子⊕は，$+e = +1.6 \times 10^{-19}$ C

と決まっている。

じつは，この e〔C〕はこれ以上分けることができない電気量の最小単位となっているんだ。そこで，この e〔C〕は，電気素量(電気の素〔最小単位〕の量)とよばれるんだ。

 電気量の最小単位ということは1円玉みたいなものですね。

いいこと言うねえ！ だから，すべての電気量は$+6e$〔C〕や$-4e$〔C〕などと，必ず e〔C〕の整数倍で表すことができるんだよ。

3 陽イオンって何？

図2のように，原子から，1つ電子がポコッと抜けたものを，1価の陽イオン（正イオン）という。

図2の陽イオンに含まれる電子⊖の数は2個で，陽子⊕は3個あるね。すると，全体としては何〔C〕の電気量をもっていることになるかな？

+3e − 2e ＝ ＋e〔C〕で，ちょうど陽子⊕1個と同じ電気量です。

図2 陽イオン

そうだね。そこで，この陽イオンを図示するときは，**図2**の下のように陽子1個と同じく⊕を用いて表すよ。

4 モノが帯電するというのは，どういうこと？

図3のように，1価の陽イオン⊕を6個，電子⊖を6個含む物体の全体の電気量はいくらかな？

+6e − 6e ＝ 0〔C〕　ゼロです。

そうだ。このとき，この物体は電気を帯びていない（電気的に中性）というよ。

このときは，**図3**の下図のように，⊕も⊖も何もかかないで図示するよ。この図示のやり方には注意が必要だよ。

図3

何もかいていないからといって，何もないわけではなくて，「⊕と⊖が同じ数だけあるから，打ち消し合っていて何もかいていない。」と発想する習慣をつけてほしい。

じゃあ，**図4**のように，⊕が6個，⊖が4個ある物体では，全体の電気量は？

> 今度は，⊕が2つ過剰だから，$+6e-4e=+2e$〔C〕です。

そうだね。このとき，この物体は正に帯電しているという。

全く同じように，**図5**の場合は負に帯電しているという。

ここで注意したいのは，**図4，5**の下図のように，余った⊕や⊖のみ図示することだよ。

図4　図5

> 余った電気だけ図示するよ。
> 中性のときは何もかかないので注意！

全く同じルールによって，モノをこすり合わせたときに帯電する（摩擦電気が生じる）様子を図示すると**図6**のように表せるね。

図6　下じきをこするときに起こること

では，ここまでのポイントをおさらいしておこう。

では，学んだことをチェックするために，次の問題にトライだ！

電気の表し方　　　　　　　　　　易 **3**分

　電気素量を e [C] とする。図で⊕は
1価の陽イオン，⊖は電子を表す。
(1)　**図1**の物体の全電気量を求めよ。
(2)　**図2**で形状，材質が全く同じ金属
　　A，Bがあり，Aは $+6e$ [C]，Bは
　　$-2e$ [C]の電気をもっている。金属
　　AとBを接触させると，A, Bには同じ
　　量の電気量 Q [C]ずつが分布した。
　　Q を求めよ。

図1

図2

解説　(1)　陽イオン⊕は $+e$ [C]，電子
⊖は $-e$ [C]の電気量をもっていることを
使うだけだよ。

　図aの上図のように⊕⊖のペアで打
ち消してしまうと計算がラクだ。

　すると，**図a**の下図のように，⊕が3個
残るので，この物体は，
　　　$+3e$ [C]……**答**
の電気量を帯びていることがわかる。

(2)　AとBが接触すると，**図b**のように⊕6
個のうちの2個と，⊖の2個が打ち消し
合って，結局⊕が4個残る。

　その4個の⊕が**図c**のように，AとBに
等しく2個ずつ分布するので，求める電
気量は，
　　　$Q = +2e$ [C]……**答**
となる。

図示すると

図a

図b

図c

STORY② 導体と絶縁体

1 導体って何？

　金属などのように電気を通す（電流を流せる）物質を導体という。金属が電気を通せるのは，自由に動ける電子●（自由電子）をもっているからだ。

　金属というのは，**図7**のように，金属の陽イオン⊕が規則正しく整列したすきまを，自由電子●が自由自在に漂っているとイメージしよう。

自由に動ける

図7　金属

2 絶縁体って何？

　プラスチックやゴムなどのように電気を通さない物質を絶縁体（不導体または誘電体）というよ。絶縁体が電気を通さないのは，**図8**のように，絶縁体中の電子●が原子内に束縛されていて（ひもにつながれた犬のように），動ける範囲が原子内に限られてしまっているからなんだ。

原子内に束縛！

図8　絶縁体

つまり，導体と絶縁体というのは，「●が自由に動けるか，●が原子内に束縛されているか」の違いだけなんですね。

　そうだ。そのことが，次のように外部から帯電した物体を近づけるときに生じる現象に大きな違いをもたらすんだ。

3 導体の静電誘導

　図9のように，導体の右側に正に帯電した棒を近づけると，導体中の自由電子❺は引力でフラフラーと引かれて右に集まる。一方，左側には金属の陽イオン⊕が現れる。これ以上電気が動かなくなった状態では，導体の右側表面上に❺，左側表面上には⊕の電気が「びっしり」と現れる。この現象を導体の静電誘導というよ。

自由に動ける

びっしり
と電気が現れる

図9　静電誘導

4 絶縁体の誘電分極

　図10のように，絶縁体の右側に正に帯電した棒を近づけると，絶縁体中の原子内に束縛された電子❺が右へ引かれて原子がギューとひずむ（右においしいエサを見つけた犬が，ひもをいっぱいに右へギューと引いて右へ行こうとしているが，ひもがあるので動けないイメージ）。
　この結果，絶縁体の右側表面上には❺，左側表面上には⊕の電気が「ほんの少しだけ」現れる。この現象を絶縁体の誘電分極というよ。

束縛！

右へもっと
行きたいのに

ほんの少しだけ
電気が現れる

図10　誘電分極

どうして，導体では「びっしり」と電気が現れたのに，絶縁体の場合は「ほんの少しだけ」しか電気が現れないのですか。

　それは，導体では，電子が自由に動けるので，引力に応じて「思う存分に」右側へ動き，表面上へ「びっしり」と現れることができるのに対し，絶縁体では，電子は自由に動けないので，引かれても「むりやり」わずかに右へ寄るだけなので，「ほんの少しだけ」しか電気は現れないのだ。

・POINT ②・　導体と絶縁体

- ▪▪ 導　体…自由電子をもつ。
- ▪▪ 絶縁体…自由電子をもたず，各原子内に束縛された電子をもつ。

- ▪▪ 導体の静電誘導…自由電子が外力を受けて自由に動き，表面上にびっしりとたまる（動ける範囲に制限なし）。
- ▪▪ 絶縁体の誘電分極…原子内に束縛された電子が外力を受けてほんの少しだけ寄る（動ける範囲は各原子内のみ）。

 自由と束縛の違いが重要だ！

　図のようなはく検電器に次の(1)～
(4)の操作をしたとき，はくの開きは
どうなるか答えよ。はじめ，はくは
閉じている。

(1)　負に帯電した棒を円板の上から
　　近づける。

(2)　(1)のまま，円板を指で触れる。

(3)　(2)の後，指を離し，その後帯電
　　体を遠ざける。

(4)　(3)の後，再び円板を指で触れる。

金属円板

金属はく

解説　(1)　図aのように，負
に帯電した棒を上から近づけ
ると，金属中の自由電子◉は
棒から反発力を受け，はくの
2つの先端に押しやられ，そ
れらの反発力ではくは開く。
……**答**

　一方，円板上には，棒から
の引力で，金属の陽イオ
ン⊕が現れる。

引力

棒を
近づける

反発力

閉

反発力で開く

図 a

どうして**図a**の左の図のように何もないところから，⊕◉
の電気が現れたんですか。

　ホラホラ，「何もない」なんて言わないでね。もともと金属中には「う
じゃうじゃ」⊕と◉が入っているけど，それらが等しい数だけあり，均
等に分布していたので，全体として中性で，何もなかったかのようにか
いていただけなんだよ。「何もかいていない」ところには「⊕と◉が同
じ量分布している」と考える習慣だ。

(2) **図b**のように，はくの先端に追いつ
められていた⊖が，手を伝って，より
遠くに逃げてしまう。

　よって，はくは帯電しなくなり，自
身の重みによって閉じてしまう。
　　　　　　　　　　　　……答

　一方，円板の⊕は，棒に引力でガッ
チリ引きつけられて残ったままである
ことに注意する。

図b

(3) 指を離してから，棒も遠ざけると，金属には何がとり残されるかな？

 ハイ！　円板の上に集まっていた⊕がとり残されます。

　そうだ。そして，その残された⊕どうしの間にも反発力がはたらいて，
図cのようにお互いに遠ざかろうとして金属の端にたまろうとする。は
くの2つの先端にも⊕がたまり，それらの反発力によって，はくは少し
開く。……答

図c

(4) ⊕どうしには反発力がはたらくので，小さ
な金属の中にとどまっているよりは，もっと大
きな人間の体の端どうしに離れたほうがより
安定。

　よって，**図d**のように，⊕は手を伝って
人間の体のほうへ出ていってしまう。よっ
て，はくは帯電しなくなり，はくは自身の
重みで閉じる。……答

図d

　図のように，正に帯電した棒で中性の
薄膜を引きつける。その薄膜が棒に触れ
たときに起こる現象は，次の⑦，⑦のう
ちどちらになるか。薄膜が，(1)アルミはく
く　(2)セロハン　の場合について，それ
ぞれ答えよ。

⑦　いったんくっついたら，くっついたまま。

⑦　くっついたら，すぐにはじかれる。

解説　(1)　次の４つの手順で考
えよう。

① 静電誘導により導体であるア
ルミはくの上側には負の自由電
子が集まり，下側には正の陽イ
オンが現れる。棒の正の電気は
より近い上側にある負の自由電
子をより強く引きつけるので，
アルミはくは上昇していく。

② アルミはくが棒につくと自由
電子は棒に乗り移って，棒の正
の電気のうちごく一部と打ち消
し合ってしまう。

③ アルミはくには正の電気が
残っている。この電気と棒の正
の電気が反発し合う。

④ アルミはくははじき返されて
しまう。

①～④より，⑦……**答**

①

②

③

④

(2) 次の3つの手順で考えよう。

① 誘電分極により，絶縁体であるセロハンの上側には少し負の電気が，下側には正の電気が現れる。棒の正の電気は，より近い上側の負の電気をより強く引くので，セロハンは上昇していく。

② セロハンが棒についても電子はセロハンの原子内に束縛されている。それで，電子は，棒へ移ることはできないので，残ったままである。

③ よって，セロハンはいつまでも棒にくっついたままである。

①～③より，㋐……答

電荷の動きは，しっかりと図をかいて考えるといいよ。

第 1 章
ま と め

① すべての物質は⊕と⊖の電気からできている。

　電子⊖が自由に動ける物質➡**導体**

　電子⊖が各原子内に束縛されている物質➡**絶縁体**

② 電子⊖1個の電気量は，

$$-e = -1.6 \times 10^{-19}\,\mathrm{C}\ (e:電気素量)$$

であり，これが電気量の最小単位である。

③ ⊕(⊖)が過剰な状態を，正(負)に帯電した状態という。

④ ⊕どうしや⊖どうしの間には反発力，⊕と⊖の間には引力がはたらく。これらの力によって，帯電した物体を外部から近づけると，

　導体には静電誘導 (自由電子が無制限に動いて，正負の電気が「びっしり」現れる)

　絶縁体には誘電分極 (各原子内で電気が少しかたより，正負の電気が「少しだけ」現れる)

が起きる。

第2章

電気回路

▲回路1周「ジェットコースター」に乗ろう

STORY 1 // 回路とは

1 回路のイメージ

回路とは，図1のように，電池（電源）と抵抗が導線でつながっていて，1周グルリと電流（電気の流れ）が回ることができるようになっている装置をいうんだ。図2のように，1周ちゃんとつながっていないと，回路とはよべないよ。

電池

抵抗

図1　回路

切れている

図2　回路ではない

さて，**図1**の回路をもっと具体的にイメージできるように，**図3**のように，「水路」にたとえてみるぞ。ここでは，次の3つのおきかえをしたよ。

❶ 電池➡ー極側から＋極側へと水を汲み上げる「ポンプ」
汲み上げる高さを起電力 E [V]（ボルト）という。

❷ 抵抗➡「せまいパイプの坂」
落差を電圧 V [V]，1秒あたり通過する電気量を電流 I [A]（アンペア）という。

❸ 導線➡「水平な広い水路」

図3　回路の具体的なイメージ

 でも，いちいちこの水路の図をかくのはめんどうくさいなあ……

大丈夫！　イメージだけできればいいからね。通常は，次のように簡単な記号を用いて表せばいいよ。

2 記号の約束

❶ 電池

　ここで、曲がった矢印は、**図3**での水路上での高いところと低いところの高低差を表す矢印で、

> 高いところから低いところへ「ピューンポコン」と落ちる向き

に向けると約束するよ。

　電池は電気を汲み上げるポンプだから、低いほうから高いほうへ向けて電流 I [A] が持ち上げられていることに注意しよう。

❷ 抵抗

　やはり、ここでも、高いところから低いところへ落ちる曲がった矢印で、高低差を表していることに注意しよう。電流は高いほうから低いほうへと流れて落ちている。

❸ 導線

特に，分かれ道の前後ではきちんとつじつまが合う必要があるんだ。

以上により，**図3**の回路図は，**図4**のような形にシンプルにかけるんだ。逆に言えば，**図4**の記号図から，**図3**のような立体図がイメージできるようにしたいね。

図4　記号で表した回路

3 回路の大原則：閉回路1周の電圧降下の和＝0の式

図5で，点Pから回路を点線に沿って時計回りに1周指でなぞっていこう。そして，もし指が各装置で，

① 下がったと感じたら正の符号
② 上がったと感じたら負の符号

をつけて，電圧降下（どのくらい高さが下がったかの和）を，1周分足してみると，

$$\underset{\text{下降}}{+V_1}\,\underset{\text{下降}}{+V_2}\,\underset{\text{上昇}}{-E}\,\underset{\text{もとの高さに戻る条件}}{=0}$$

図5　1周なぞってみる

どうして和＝0
となるの？

それは，**図6**のような立体的なイメージで考えるとわかるよ。たとえば，$V_1 = 10$，$V_2 = 5$とすると，$E = 15$になるよね。このときの電圧降下の和は，

$$+10 + 5 - 15 = 0$$

となる。要は，1周きちんとつながってもとの高さに戻るための条件なんだ。

図6　図5の立体図

1 オームの法則

抵抗のイメージは「せまくて通りにくいパイプの坂」だったね。そこを流れる水の流れの激しさ，つまり，電流 I〔A〕は，次の２つの要因で決まるんだ。

① 電流 I は電圧 V に比例する。

図7のように同じパイプでも，電圧 V（高低差）を大きくすればするほど，電流 I は激しく流れるね。

図7 I は V に比例

② 電流 I は抵抗値（通りにくさ）R に反比例する。

図8のように同じ電圧 V でも，パイプが通りにくくなればなるほど，抵抗 R が大きくなればなるほど，電流 I は小さくなっていくよ。

図8 I は R に反比例

①，②をまとめると，抵抗の電流 I と電圧 V，抵抗値（通りにくさ）R の間には

$$I = \frac{V}{R}$$

①より比例
②より反比例

の関係があることがわかるね。

この式を変形して，

$$\boxed{V = R \times I}$$

となるが，この式を，オームの法則というよ。

抵抗 R の単位は，$R = \dfrac{V}{I}$ の式から，$[\mathrm{V/A}] = [\Omega]$（オーム）となるよ。

2 回路の解法

以上のポイントをまとめていくと，回路の解法は完全にワンパターンで，毎回次のように解けてしまうんだ。

・POINT ①・ 回路の解法

STEP1 川の流れのように
電流 I を仮定する。

とくに，分岐点や合流点ではつじつまが合うように仮定すること。

STEP2 各抵抗でのオームの法則を作図する。

$$V = R \times I$$

STEP3 閉回路 1 周の
電圧降下の和 ＝ 0 の式

この式を解いて，電流 I を求めるのだ。

例

STEP1

STEP2

STEP3 $\boxed{}$: $+2I + 3I - 10 = 0$
　　　　　下降　下降　上昇　戻る

$$\therefore\ I = 2\,\mathrm{A}$$

チェック問題 1 〉 **回路の解法**　　　　　　　　　📖**3分**

　図の回路で，各点 A，B，C に流れる電流の大きさを求めよ。

解説 《回路の解法》(p.27)で解こう。

STEP1 図 a のように，電流を仮定する。B の電流 I と C の電流 i が D で合流して A の電流 $I+i$ となっていることに注意しよう。

STEP2 図 b のように，各抵抗でのオームの法則 $V = R \times I$ を作図する。

STEP3 図 b の2つの閉回路で，

$$\begin{pmatrix} ⑦：\text{BDCB も1つの閉回路に} \\ \text{なっていることに注意} \end{pmatrix}$$

⑦：$+2I - 3i = 0$

①：$+3i - 10 + 0.8(I+i) = 0$

∴ $I = 3\,\text{A}$

　$i = 2\,\text{A}$

よって，各点の電流は，

　A：$I + i = 5\,\text{A}$……答

　B：$I = 3\,\text{A}$　……答

　C：$i = 2\,\text{A}$　……答

図 b

チェック問題 2 〉 電池を2つ含む回路　　　　　標準 **6分**

図の回路で，
各点 A, B, C に
流れる電流の向
きと大きさを求
めよ。

解説

　ゲゲ。電池が2つもあってムズカシそう〜。

大丈夫！　《回路の解法》(p.27)だけで，同じように解けるよ。

STEP1 図 a のように，
各電流を仮定する。
向きも大きさも，全
くの仮定でいいか
らね。ただし，合流
点では電流を $I + i$
と足しておく。

STEP2 各抵抗で，オーム
の法則を作図する。

図 a

STEP3 図 a の2つの閉回路で，（⑦：ADBA も1つの閉回路）

⑦：$+ 20I + 80 - 12i = 0$

④：$+ 12i + 10(I + i) - 100 = 0$

∴　$I = -1\,\mathrm{A}$

　　$i = 5\,\mathrm{A}$

　アレ!?　I がマイナスになっちゃった！　これはどうい
うこと？

アワテル必要は全くないよ。

それは，**図b**のように，実際はAには，STEP1 で仮定したのとは逆の左向きに電流が流れていたことを表すんだよ。

　つまり，STEP1 では勝手に電流の向きを仮定しておいて，STEP3 で解いたときの符号で，その実際の向きが決まるというしくみなんだよ。

図 b

気楽に仮定していいのですね。

　そういうこと。
　よって，各電流は，

　　A：左向きに，$-I = 1\,\mathrm{A}$　　　　　……答
　　B：右向きに，$i = 5\,\mathrm{A}$　　　　　　……答
　　C：下向きに，$I + i = -1 + 5 = 4\,\mathrm{A}$……答

となるね。

電流の向きは勝手に
仮定していいからね。

① 回路のイメージ

水が１周流れる水路

❶ 電池…ポンプ（起電力 E〔V〕：汲み上げる高さ）

❷ 導線…水路（電流 I〔A〕：水流の激しさ）

❸ 抵抗…通りにくいパイプの坂（電圧 V〔V〕：坂の高低差）

② オームの法則

電流 I は電圧 V に比例し，抵抗 R（通りにくさ）に反比例する。

$$I = \frac{V}{R} \quad \text{よって,} \quad \boxed{V = R \times I}$$

③ 回路の解法

① 電流 I を川のように仮定

（分岐点，合流点ではつじつまが合うように）

② $V = R \times I$ の作図

③ 回路１周の電圧降下の和 $= 0$ の式

（高さがいくら下がったかを足していく）

次の章では，抵抗について詳しく解説するよ。

第3章 抵抗

▲ストローは長いほど通りにくく，太いほど通りやすい

STORY① 抵抗の性質

1 形と抵抗

②で見てきたように，抵抗というのは電流の通りにくいところだ。その通りにくさを表す量が抵抗(値) R〔Ω〕(オーム)といったね。

では，この抵抗は，その形とどんな関係があるのだろうか。

① 抵抗値 R〔Ω〕は長さ l〔m〕に比例する。

キミは，オモチャのストローの1mも2mも長さのあるやつでジュースを飲んだことがあるかい？ とっても吸いづらく，お子様向きじゃないね(笑)。 長くなればなるほど抵抗が大きくなって，流れを大きく妨げるからだね。

同じように，抵抗も電流の流れにくいところだから，長くなればなるほど通りにくくなり，抵抗も大きくなるね。一般に，**図1**のように抵抗値 R〔Ω〕はその抵抗の長さ l〔m〕に比例するんだ。

図1　長いほど通りにくい

②　抵抗値 R〔Ω〕は断面積 S〔m²〕に反比例する。

　ちくわでおでんの汁を吸ったことがある人いるかい？　あれはやめたほうがいいよ。お行儀も悪いけど，なによりもヤケドする！！

　太いちくわを通って，ノドの奥に汁がガバッと入ってしまうからね（笑）。

　同じように，抵抗でも太いほど電流は流れ・や・す・くなる。つまり，抵抗値は小・さ・く・なってしまうんだ。一般に，**図2**のように抵抗値 R〔Ω〕は，その断面積 S〔m²〕に反比例するよ。

図2　太いほど通りやすい

　以上の①，②を合わせると抵抗 R と長さ l，断面積 S の間には，次の関係が成り立つね。

$$R \underset{比例}{\Longleftrightarrow} \frac{l}{S} \quad \begin{matrix} \leftarrow①より \\ \leftarrow②より \end{matrix}$$

よって，比例定数を ρ（ローと読む）として，

$$\boxed{R = \rho \times \frac{l}{S}}$$

と書けるよ。この比例定数 ρ〔Ω・m〕を抵抗率という。抵抗率は，抵抗をつくっている材料の性質だけで決まる量だよ。

　抵抗値 R，抵抗率 ρ は1文字違いで大違いだから，十分に注意してね。

POINT ① 抵抗の形状依存性

$$抵抗値\ R = \underline{\rho} \times \frac{l}{S}$$

長さ l に比例し，断面積 S に反比例する

抵抗率〔$\Omega \cdot \mathrm{m}$〕

（注抵抗値と抵抗率は1文字違いで大違い）

チェック問題 **1** 抵抗と形　　　　　　易 **3**分

図のような3本の抵抗 A，B，C がある。これらすべての抵抗値が等しいとき，A，B，C の抵抗率 ρ_A，ρ_B，ρ_C の比はいくらになるか。

解説 各抵抗値を R_A，R_B，R_C とすると，

$$R_A = \rho_A \frac{l}{S}$$

$$R_B = \rho_B \frac{2l}{4S} = \rho_B \frac{l}{2S}$$

$$R_C = \rho_C \frac{0.5l}{0.2S} = \rho_C \frac{5l}{2S}$$

これらが等しいので，

$$\rho_A \frac{l}{S} = \rho_B \frac{l}{2S} = \rho_C \frac{5l}{2S}$$

$$\therefore \quad \rho_B = 2\rho_A, \quad \rho_C = \frac{2}{5}\rho_A$$

よって，$\rho_A : \rho_B : \rho_C = 1 : 2 : \dfrac{2}{5} = 5 : 10 : 2$ ……答

2 合成抵抗

　合成抵抗とは，2つ以上の抵抗を1つの抵抗とみなしたときの，その抵抗の抵抗値のことだ。合成には次の2タイプがあるよ。

① 直列合成抵抗

　図3で「たて」につながった抵抗 R_1 と R_2 を，1つの抵抗 $R_直$ と同等とみなす。このとき大切なのは，端子の対応関係だ。左側の図の A，B 点は右側の図の A，B 点に対応する。

　いま，A から B へ流れる電流を共通に I として，各抵抗のオームの法則 $V = R \times I$ を書く。

　ここで，AB 間の全電圧を比べて，

図3の左側の　　　図3の右側の
図のAB間の全電圧　図のAB間の電圧

$$\overbrace{R_1 I + R_2 I} = \overbrace{R_直 I}$$

$$\therefore \boxed{R_直 = R_1 + R_2 \qquad （和）}$$

となる。この式はどんなイメージかな？

図3　直列合成抵抗

　直列につながると，全体として抵抗が長くなって通りにくくなる。つまり，抵抗は大きくなるから「和」をとるイメージです。

　オッケー！　しっかりとイメージできると頭に入りやすいからね。

② 並列合成抵抗

図4では「よこ」につながった抵抗 R_1 と R_2 を 1 つの抵抗 $R_並$ と同等とみなす。このとき，図4の左右の図で，A，B の点どうしが対応しているね。

図4 並列合成抵抗

いま，AB 間の電圧を共通に V として，各抵抗のオームの法則 $I = \dfrac{V}{R}$ を書き込む。ここで，B に流れ込む全電流を比べて，

$$
\underbrace{\frac{V}{R_1} + \frac{V}{R_2}}_{\substack{\text{図4の左側の図で} \\ \text{Bに流れ込む全電流}}} = \underbrace{\frac{V}{R_並}}_{\substack{\text{図4の右側の図で} \\ \text{Bに流れ込む電流}}}
$$

$$
\therefore \quad R_並 = \cfrac{1}{\dfrac{1}{R_1} + \dfrac{1}{R_2}} \qquad （逆数和の逆数）
$$

となる。この式はどんなイメージかな？

並列につながると，全体として抵抗が太くなって通りやすくなる。つまり，抵抗は小さくなるから，「逆数和の逆数」となります。

いいよ，物理的イメージがあれば，ミスはグッと減っていくぞ。

POINT ❷ 合成抵抗

■ $R_直 = R_1 + R_2$（和）   ■ $R_並 = \dfrac{1}{\dfrac{1}{R_1} + \dfrac{1}{R_2}}$（逆数和の逆数）

チェック問題 2 ▷ 合成抵抗   📖易 **4分**

抵抗値 R の抵抗を A, B, C に
３等分して，右図のように組み
立てた。

組み立てた抵抗を１つの抵抗
とみなしたときの合成抵抗の値
は，もとの抵抗値 R の何倍か。

解説 まず，抵抗は長さに比例するので，３等分すると長さは $\dfrac{1}{3}$ にな

り，抵抗値も $\dfrac{1}{3}$ 倍になって，A, B, C はそれぞれ $\dfrac{1}{3}R$ 〔Ω〕となるね。

次に，合成抵抗を求めよう。２つの手順㋐，㋑に分けるよ。

㋐ まず，A と B の並列合成抵抗 R_1 を求めると，

$$R_1 = \dfrac{1}{\dfrac{1}{\dfrac{1}{3}R} + \dfrac{1}{\dfrac{1}{3}R}} \begin{pmatrix} 逆数和 \\ の逆数 \end{pmatrix}$$

$$= \dfrac{1}{\dfrac{3}{R} + \dfrac{3}{R}} = \dfrac{1}{6}R$$

㋑ 次にこの R_1 と C の抵抗
の直列合成抵抗を求めると，

$$R_合 = R_1 + \dfrac{1}{3}R \quad（和）$$

$$= \dfrac{1}{6}R + \dfrac{1}{3}R = \dfrac{1}{2}R$$

よって，$\dfrac{1}{2}$ 倍……**答**

図5のように，ザラザラした坂に，次々と一定の質量の箱が一定の速さですべっていく。ズリズリと箱が摩擦力でこすれると，アチチ！と摩擦熱が発生するね。このとき，1秒あたりに発生する摩擦熱を P [J/s] とすると，

図5　ザラザラすべり台

P ＝（1秒間に通る箱の数）×（箱が失った位置エネルギー）

と書けるね。

ここで，

（1秒間に通る箱の数）➡（1秒間に通る電気量［電流 I］）

（箱が失った位置エネルギー）➡（電気が落下する高低差［電圧 V］）

とおきかえると，電流 I が流れ，電圧 V がかかっている抵抗から，1秒あたりに発生する熱（ジュール熱という）は，

$$P ＝（電流 I）×（電圧 V）$$

と書けるね。この P [J/s] ＝ [W]（ワット）を消費電力というんだ。

• POINT ❸• 消費電力 P [J/s]＝[W]

抵抗 R から1秒あたりに発生するジュール熱は，

$$P = I \times V \underset{V=RIより}{=} I^2 R \underset{I=\frac{V}{R}より}{=} \frac{V^2}{R}$$

チェック問題 3 抵抗率・消費電力 標準 10分

　同じ材料でつくられた2本の抵抗A，Bがある。Aの長さがBの2倍で，断面積は$\frac{1}{2}$である。抵抗A，Bおよび抵抗値0.4Ωの抵抗Cを図のようにつなぎ，起電力3Vの電池につないだら，電流計Ⓐは0.3Aを示した。

(1)　抵抗A，Bの抵抗値をそれぞれ求めよ。
(2)　抵抗Aで消費される消費電力を求めよ。

　A，Bの抵抗値がわからないから，どこから手をつけてよいのかわかりません。

　「わからないものは勝手に仮定しよう」が合い言葉だ。

解説　(1)　Bの抵抗をRと仮定すると，Aの抵抗はいくらになるかい？

　えーと，長さが2倍で，断面積は$\frac{1}{2}$倍だから，かなり大きくなりそう……そう，2×2で，4倍の$4R$です。

　よし準備OK！　ここで，p.27の《回路の解法》に入る。

STEP1 Cの電流0.3Aのうち，AにI〔A〕，Bに$0.3-I$〔A〕流れると仮定しよう。

STEP2 各抵抗でのオームの法則を書き込む。

STEP3 図の2つの閉回路で，

⑦：$+4RI - R(0.3 - I) = 0$……①

⑦：$+0.4 \times 0.3 + R(0.3 - I) - 3 = 0$……②

①，②より，$I = 0.06\,\text{A}$

$R = 12\,\Omega$

となる。

よって，

Aの抵抗値　$4R = 4 \times 12 = 48\,\Omega$……**答**

Bの抵抗値　$R = 12\,\Omega$……**答**

> **別解**

 合成抵抗の考え方では解けないんですか？

いい質問だ。できるよ。やってみよう。

AとBを並列合成（逆数和の逆数）し，それに，Cを直列合成（和）すると，

$$\cfrac{1}{\cfrac{1}{4R} + \cfrac{1}{R}} + 0.4 = \left(\frac{4}{5}R + 0.4\right)[\Omega]$$

一方，回路全体として，3 Vの電圧がかかり，0.3 Aの電流が流れているので，全体の抵抗は，$\dfrac{3\,\text{V}}{0.3\,\text{A}} = 10\,\Omega$

以上を比べて，$\dfrac{4}{5}R + 0.4 = 10$　　$\therefore\ R = 12\,\Omega$……**答**

となって，同じ答えが出る。本番のテストでは，「回路の解法」と「合成抵抗による解法」の両方から答えが一致するかを確認すると，計算ミスが防げるよ。

(2)　Aでの**消費電力**（＝電流×電圧）は

$I \times 4RI = I^2 \times 4R = (0.06)^2 \times 48$

$\fallingdotseq 1.7 \times 10^{-1}\,\text{W}$……**答**

ま と め

① **抵抗値 R は長さ l に比例し，断面積 S に反比例する。**

$$R = \rho \times \frac{l}{S}$$ （ρ：抵抗率）

② **合成抵抗**（2つ以上の抵抗を1つにまとめる）

(1) 直列　$R_直 = R_1 + R_2$　（和）

(2) 並列　$R_並 = \dfrac{1}{\dfrac{1}{R_1} + \dfrac{1}{R_2}}$　（逆数和の逆数）

③ **消費電力 P**（1秒あたりに発生する熱）

$$P = I \times V = I^2 R = \frac{V^2}{R}$$

抵抗率，合成抵抗，消費電力の3大ポイントをガッチリ押さえよう！

第4章 電流と磁場（物理基礎）

▲右手でジャンケン対決「グー」と「パー」

STORY① 磁場と磁力線

1 磁場って何？

　キミは小学生のころ，磁石のまわりに鉄粉をまいて模様をつくって遊んだことはあるかい。図1のように，磁石のまわりには，鉄粉に力を加えて整列させようとするはたらきをもつ空間ができている。このような空間を磁場(磁界)といい，記号では，向きをもつベクトルとして$\vec{H}$と表すよ。磁場$\vec{H}$の向きは，図1のように，「その点に置かれる方位磁針◐のN極の向く向き」と約束するね。

図1　磁場$\vec{H}$の向きの決め方

方位磁針が磁場を見る「センサー」ですね。

　まさにその通り！

2 磁力線って何？

図2のように，磁場の向きに沿って引いた線を磁力線という。磁力線には，次の3つの性質がある。

① 磁石のN極から湧き出て，S極へ吸い込まれる。

② ある点での磁力線の接線の向きがその点での磁場 $\vec{H}$ の向きになる。

③ 磁力線が密集しているところほど磁場 $\vec{H}$ は強い。

図3では，AとBのうち，Aの部分のほうが磁力線の密度が濃いので，磁場も強くなっているね。

図2 棒磁石のまわりの磁力線

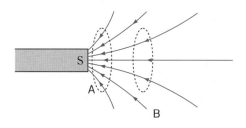

図3 磁力線の密度は磁場の強さに比例する

STORY ② 電流は磁場をつくる

1 電磁石とは

図4のように，鉄しんにエナメル線を巻いて電流を流すと，まるで棒磁石のように釘を引きつけるね。そう，電磁石だ。そのまわりには，棒磁石のような磁場がつくられているね。

図4 電磁石

2 電流は磁場をつくる

電磁石の例からもわかるように，電流はそのまわりに磁場をつくる。この磁場の強さ H は電流に近いほど強く，電流から遠くなるほど弱くなる。また，電流 I [A] に比例して強くなる。

一方，その向きについては，次の3つの場合だけがテストに出てくるよ。

	電流のつくる磁場の向き	向きの覚え方
直線電流（十分に長い）	電流 I H この点での円の接線方向が磁場の向き 90° 磁場 H 磁力線	I（まっすぐ） H（巻く）
円電流	磁力線 H I	H（まっすぐ） I（巻く）
（ソレノイド）コイル	磁力線 H I I	I（巻く） H（まっすぐ）

POINT ❶ 電流のつくる磁場の決め方《右手のグー》

ここで念のために言っておくと，《右手のグー》は本書中での「あだ名」で，正式名称は「右ねじの法則」というよ。テストでは，「右ねじの法則」と書いてね。

《右手のグー》の指の当てはめ方がなかなか覚えられないんですけど。だって，親指が I になったり H になったりいろいろ変わるから……

　コツは，「形」で覚えることだ。それぞれの図で，「まっすぐ」なもの（たとえば，直線電流では電流 I，円電流とコイルでは磁場 H）はいつも親指に当てる。
　一方，「巻く」もの（たとえば，直線電流では磁場 H，円電流とコイルでは電流 I）はいつも人さし指を巻く向きに当てるんだ。「形」で決めれば，パッと対応させることができるようになるよ。

電流がつくる磁場ときたらいつも「右手のグー」だよ。

STORY 3 / 電流は磁場から力を受ける

モーターを分解したことはあるかい。中には何が入っていたかな？

> まず，2つの磁石です。そして，中央には，電流を流すコイルが入っていました。

そうだね。モーターでは，2つの磁石のN極とS極の間に生じた磁場中にコイルを置き，そのコイルに電流を流す。すると，そのコイルが磁場から力を受け，その力によって回転するんだ。

このように，**電流は磁場から力を受ける**が，この力のことを**電磁力**という。電磁力の大きさ F は，電流 I と，磁場の強さ H と，磁場中の導線の長さ l に比例する。一方，その向き $\vec{F}$ については，次のようにいつも3つの手順で求めることができるよ。

・POINT ❷・ 電磁力の向きの決め方《右手のパー》

手順1 人さし指から小指までの4本の指は，磁場 $\vec{H}$ の向きに向ける。
（4本の指は磁力線のイメージ）

手順2 直角に開いた親指は電流 $\vec{I}$ の向きに向ける。
（伸ばした親指は導線のイメージ）

手順3 手のひらでまっすぐ押す向きが電磁力 $\vec{F}$ の向き。
（手のひらでプッシュするイメージ）

手順1 磁場 $\vec{H}$
手順2 電流 $\vec{I}$
90°
手順3 電磁力 $\vec{F}$

この当てはめ方を本書では《右手のパー》とよぶことにするよ。正式名称は「フレミングの法則」というので，テストでは「フレミングの法則」と書いてね。

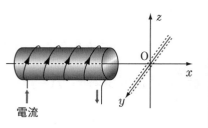

チェック問題 1 〉 電流と磁場　　　易 3分

　図のように x, y, z 軸が
ある。x 軸上にコイルがあ
り，図のように電流を流し
ている。
(1)　原点 O にコイルがつ
　　くる磁場の向きを求めよ。
(2)　y 軸上で $+y$ 方向に流れる電流が受ける電磁力の向きを
　　求めよ。

解説 〈(1)　電流が流れる！　ドキッ！　そのまわりには何が生じる？

> ハイ！　電流のまわりには磁場が生じます。

そして，その磁場 $\vec{H}$ の向きの決め方は？

> p.44の《右手のグー》で決めます！

　すばらしい！　「電流が流れる➡磁場が発生する」とパッと思いつい
たね。
　本問では，図aのよう
に，《右手のグー》(p.44)
で，「巻いている」電流
I に人さし指を当て，
そのときピーンと「まっ
すぐ」に立つ親指の向
きが磁場 H の向きにな
る。その向きは図a の
ように，$-x$ 方向……答
となるね。

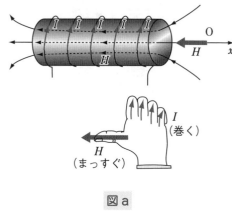

図a

(2) 磁場中に電流が流れる！　ドキッ！　イメージすることは？

ハイ！　電流は磁場から電磁力を受けます！

では，その電磁力 $\vec{F}$ の向きの決め方は？

p.46の《右手のパー》で決めます！

　いいぞ！　「磁場中に電流➡電磁力を受ける」という発想をスムーズにしよう。

　本問では，**図b**のように，(1)で求めた，コイルのつくる $-x$ 方向の磁場 H の中に，$+y$ 方向の電流 I を流す。

　ここで《右手のパー》の３つの手順（p.46）で，

手順1　人さし指から小指までの束を磁場 H の向きに向ける。

手順2　親指の向きは，電流 I の向きに向ける。

手順3　このとき，手のひらでまっすぐ押す向きが電磁力 F の向きになる。その向きは**図b**より，$-z$ 方向……**答**　になるね。

図 b

手のひらで
まっすぐプッシュ！

① 磁場 $\overrightarrow{H}$ の向き：そこに置かれる方位磁針のN極の向く向きになる。

② 磁力線：磁場の向きに沿って引いた線。その密度が濃いほど磁場は強い。

③ 電流 $\overrightarrow{I}$ は磁場 $\overrightarrow{H}$ をつくる。
$\Longrightarrow$《**右手のグー**》(p.44)で，直線電流，円電流，コイルの電流 $\overrightarrow{I}$ のつくる磁場 $\overrightarrow{H}$ の向きを決める。
（「まっすぐ」なものは親指，「巻く」ものは人さし指に当てる。）

④ 電流 $\overrightarrow{I}$ は磁場 $\overrightarrow{H}$ から電磁力 $\overrightarrow{F}$ を受ける。
$\Longrightarrow$《**右手のパー**》(p.46)の３つの手順で電磁力 $\overrightarrow{F}$ の向きを決める。

手順 1 磁場 $\overrightarrow{H}$ の向きに人さし指から小指までの束を向ける。

手順 2 電流 $\overrightarrow{I}$ の向きに親指を向ける。

手順 3 手のひらでまっすぐ押す向きが電磁力 $\overrightarrow{F}$ の向き。

第5章 電磁誘導（物理基礎）

▲増えるのもイヤ！　減るのもイヤ！

STORY 1 // 電磁誘導

1 自転車の発電機

　夜，暗くなってから自転車に乗るときに，前輪の横についている発電機を「バタン」と倒す。「ウィーンウィーン……」とタイヤで発電機を回して，ヘッドランプを点灯させて自転車を走らせる。

　では，発電機の中に電池が入っているわけでもないのに，どうやってランプを点灯させることができるんだろうね。

　じつは，発電機の中のしくみは，モーターの中のしくみ(p.46)とよく似ていて，磁石のつくる磁場の中をコイルが回転する。または，コイルの中を磁石が回転するようになっているのだ。

　要するに，コイルに磁石が近づいたり，遠ざかったりするようになっているんだね。

2 電磁誘導の法則

　コイルに磁石を近づけたり遠ざけたりすると，コイルの中を貫く磁力線の本数が変化するね。このとき，コイルには起電力が生じる。つまり，「電池」が発生するんだ。その❶起電力の向きと，❷起電力の大きさについて，次の法則が成り立つことが実験的にわかっている。
　この法則を電磁誘導の法則という。

❶　起電力の向きは，コイルを貫く磁力線の本数の<u>変化を妨げよう</u>とする向きとなる。
　次の例のように，STEP 1 ～ STEP 4 の４つの手順で考えると考えやすいよ。

STEP 1
N極を
近づける

下向きに
増えるの
イヤ～！

コイルを下向きに貫く
磁力線の本数が増える

STEP 2　　コイルを貫く磁力線が<u>下向きに増えるのを妨げる</u>ように，上向きの磁場 H をつくりたい

妨 H

STEP 3
上向きの磁場 H をつくるには，
《右手のグー》(p.44)より，
この向きの円電流 I が必要

妨 I

H（まっすぐ）

I
（巻く）

《右手のグー》
(p.44)

この電流を
誘導電流という

STEP 4　　この誘導電流 I を流すためには，この向きに＋極を向けた電池で表される起電力 V が生じる必要がある

V

この起電力を誘導起電力という

❷ 起電力の大きさ V〔V〕は，１秒あたりの磁力線の本数の変化の大きさとコイルの巻き数に比例する。

１秒後に３本増えるとき

１秒後

１回巻きコイル

$V = 3$ V とする

ならば

１秒後に５本増えるとき

１秒後

２回巻きコイル

$V = 5本 × 2回 = 10$ V となる

•POINT ❶• 電磁誘導の法則

　コイルに磁石を近づけたり遠ざけたりすると，コイルの中を貫く磁力線の本数が変化し，コイルには起電力が生じる。この起電力の

❶ 向　き：コイルを貫く磁力線の本数の変化を妨げようとする向き(レンツの法則という)。

❷ 大きさ：１秒あたりの磁力線の本数の変化の大きさとコイルの巻き数に比例する(ファラデーの法則という)。

チェック問題 1 **電磁誘導**　　　　　　　　　　標準**10**分

　　次の場合に検流計Ⓖに流れる電流の向きは，㋐，㋑，㋒のうちのどれか。

　㋐　右向き（→）に流れる。

　㋑　左向き（←）に流れる。

　㋒　流れない。

(1)　**図1**で，磁石をコイルから遠ざける。

(2)　**図2**で，スイッチを入れた直後。

(3)　(2)の後，十分に時間が経過した後。

(4)　(3)の後，スイッチを切った直後。

図1　　　　　　　　　　　　　　図2

解説　《電磁誘導の法則》（p.52）で考えよう。

(1)　磁石を左へ遠ざけると，**図a**のように，コイルを左向きに貫く磁力線の本数が減るね。このときの変化を妨げるには，コイルはどちら向きの磁場 H をつくる必要があるかな？

左向きの磁場を妨げるんだから，右向きに H をつくる！

　アチャー！　やっぱりやっちゃったか！　いいかい，**磁場**を妨げるんじゃないぞ！　あくまでも，その**変化**を妨げるんだよ！

図 a

あ！ そうか。左向きの磁場が減るのを妨げるんだから, 同じく左向きに H をつくって補ってあげる必要があるのか！

そういうこと！ よって, **図b** のように, 《右手のグー》(p.44)によって, ⑥には右向き （ア）……答 に電流が流れる。

何度もくり返すけど, 妨げるのはあくまでも変化だからね。とくに本問のように, 磁力線の本数が減っているときには要注意！

STEP1 左向きの磁場が減る。

STEP2 左向きの磁場 H をつくりたい

STEP3 この向きの電流 I を流したい

イヤ！

I

⑥

図 b

(2) **図2**のスイッチを入れると, **図c** で

STEP1 《右手のグー》(p.44)によって, コイル A には右向きに磁場が生じ, コイル B を右向きに貫く磁場が増える。

STEP2 この増加を妨げるため, コイル B には, 左向きの磁場 H が生じる必要があるね。

STEP3 その H をつくるためには, 《右手のグー》(p.44)により, コイル B には図 c の向きに電流が流れ, ⑥には右向き （ア）……答 の電流が流れる。

イヤ！

STEP1 電流増す 右向き磁場増える

STEP2 左向き磁場 H をつくりたい

STEP3 この向きの電流 I を流したい

ON！

⑥ I

図 c

(3) 本問では電磁誘導は生じている？

> う〜ん，コイル A には確かに電流が流れて，コイル B には右向きの磁場が貫いているから，電磁誘導によって……

アブナーイ！　また磁場に惑わされそうになったね。いいかい，磁力線がコイル B をたとえ何百本貫いたって，その本数が時間変化しなければ，妨げる必要なんかないよ。だから，電磁誘導は生じないんだ。

よって，今回は電流は流れない　(ウ)……圏

(4) **図2**のスイッチを切ると，**図d**のように，コイル B を貫いていた右向きの磁力線の本数が減るね。このときの変化を妨げるには，コイル B はどちら向きの磁場 H をつくって妨げる必要があるかな？

> ハイ！　右向きの磁力線の本数が減るのを妨げたいので，同じく右向きに H をつくって補ってあげればいいです！

今度こそOK！　すると，コイル B の《右手のグー》より，**図d**のように⑥には左向き　(イ)……圏　の電流が流れるね。

図 d

第 5 章
ま と め

電磁誘導の法則の2ポイント

貫く磁場の強さ（磁力線の本数）が変化するコイルには，誘導起電力 V 〔V〕が発生し，誘導電流 I 〔A〕が流れる。

① **レンツの法則**
誘導起電力 V や誘導電流 I の向きは，磁力線の本数の変化を妨げようとする向きとなる。
㊟ **妨げるのはあくまでも変化，磁力線を妨げるのではない。**

② **ファラデーの法則**
誘導起電力 V 〔V〕の大きさは，1秒あたりの磁力線の本数の変化の大きさとコイルの巻き数に比例する。

増えるのも減るのも
イヤなんだね。

物理 の 電 気

第 6 章

電場と電位

▲見えない風を読むためには「センサー」が必要

（本章に入る前に，この章の基礎となる「第1章」に目を通しておいてください。）

STORY 1 // 電 場

1 見えないものを調べるためには

　ゴルフのテレビ中継で，風の強い日には芝を上から落として，その飛ばされ方から，風の向きや強さを調べるシーンをよく見るよね。風の向きを調べるのに，なぜそんなことをする必要があるんだろう。

 それは，風の向きが直接目では見えないからですよ。

　まさに，そうだね。目に見えないものを調べるには，そのものを感じる一種の感知器（センサー）を使って調べるしかないんだね。
　この章で出てくる，電場や電位も，目では直接見えないものなので，あるセンサーを使って調べなくちゃならないんだ。

 そのセンサーとは何ですか？

それはズバリ，**図1**のような ＋1 C（プラス 1 クーロン）という，単位量の正の電気を帯びた粒（点電荷）なんだ。

ボクは目に見えない電場・電位を調べるためのセンサー。
これから大活躍するからヨロシクね！

図1　電場・電位を見るセンサー

2　電場って何？

　キミが，遅刻して教室に入ろうとして，教室をチラッとのぞくと，今日は先生の機嫌が悪そうだ。こんなとき，何やら，入り口から入りづらそ～なオーラが出ているよね。体が，教室の空間から反発力を感じるみたいだ。

　このように，目には見えないけれど，その中に置かれる物体に力を与える空間のことを場という。力学でやった重力場もその1つだね。

　特に，その中に置かれる電気を帯びた物体に電気力を与える空間のことを，電場（電界）という。

　ある点での電場 $\vec{E}$〔N/C〕の向きと大きさは，その点に ＋1 C の点電荷という「センサー」を置いたときに，受ける電気力の向きと大きさで表されるんだ。

　具体的な例で考えてみよう。

　まずは，次のページにある**図2**を見ていただきたい。

　図2 (a) のように，左側がプラス，右側がマイナスの電気にはさまれた空間内の点 P での電場の向きと大きさを調べたいとする。でも，電場は直接目じゃ見えないよね。では，どうやって調べたらいいのだろうか……

そこで，図2(b)のように，＋1Cの点電荷を「センサー」として置いてみよう。……すると，図2(c)のように，右向き10Nの電気力を受けたとするね。ならばこのとき，図2(d)のように，点Pには，右向きに$E=10\,\text{N/C}$の電場があることがわかるんだ。

このようにして，「ある点での電場Eを求めよ」ときたら，「その点に＋1Cの点電荷というセンサーを置いてみて，受ける電気力を調べる」ことが，お決まりのやり方だ。＋1Cあたりというのがポイントだよ。＋2Cを置けば，電場と同じ向きに2倍の$2E$の力を受けるし，−3Cなら，電場とは逆向きに大きさ$3E$の力を受けるんだ。

図2　電場の求め方の手順

・POINT・ ❶ 電場（電界）の定義
電場$\vec{E}$〔N/C〕：その点に置かれる ＋1Cの点電荷が受ける電気力

チェック問題 1 〉 電場の定義　📖 3分

図のように，上に負，下に正の電気にはさまれた空間がある。この中の点Pに +5 C の点電荷を置いたら，上向きに 100 N の電気力を受けた。

(1)　点Pでの電場の向きと大きさはいくらか。

(2)　点Pに置く点電荷を −3 C にとりかえるとき，受ける電気力の向きと大きさはいくらになるか。

解説　(1) 「電場を求めよ」ときたら，いつも +1 C の点電荷を「センサー」として置いてみて，受ける電気力を調べるよ。

今，+5 C で 100 N の力を受けたので，1 C あたりに直すには 5 で割って，図aのように

$$100 \text{ N} \div 5 = 20 \text{ N}$$

の力を受けることになるね。

図a

よって，電場の向きは上向きで，その大きさは，20 N/C ……**答**

(2)　マイナスの電気の受ける力はプラスの電気が受ける力とは逆向きだ。

さらに，−3 C なので，その受ける力の大きさは +1 C あたりの受ける力（電場）の大きさの3倍だ。

以上より，図bのように力の向きは下向きであり，その大きさは，

$$20 \times 3 = 60 \text{ N} ……\text{答}$$

図b

1 高さとは何か？

キミの部屋の天井と床，どっちが高いかな？

 奇妙なこと尋ねないでくださいよ。天井が高いに決まっているじゃないですか。

じゃあ，天井が高いことを証明してみせて？

 え～と。天井だから高い……う～ん。どう言えばいいのかな。

では，キミの目の前の消しゴムを天井のほうへ持ち上げて手を放すと……そう，消しゴムは天井から床のほうへ落ちていったね。まさに，それが，天井が高く床が低いことの証明だよ。

つまり，重力場の中での高低というのは，その中で重力を受けて落下していく物体の様子から決めることができるんだ。つまり，

> **モノは高いところから低いところへ落ちていく。**

が基本だよ。

図3　モノは高いところから低いところへ落ちていく

2 高低を表す電位とは

　重力場の中で高低を決めたのと同様に，電場という場の中でも，高低を決めることができるんだ。その高さを表す量を電位という。

　ある空間内での電位の高低は，その空間中で手放された ＋1Ｃの点電荷の落ちていく様子で決めることができる。

　たとえば，**図4**のように，左側が正の，右側が負の電気ではさまれた空間を考えてみよう。この空間内での電位の高低を調べるために，＋1Ｃの点電荷を置いて静かに手を放す。

　すると，＋1Ｃの点電荷は，左からは＋からの反発力を，右からは－からの引力を受ける。この力で，＋1Ｃの点電荷は右へ「落ちていく」ね。よって，この空間中では左側が高く（高電位である），右側が低い（低電位である）ことがわかるね。

図4　＋1Ｃの点電荷が「落ちていく」様子

　図4の左側が高く，右側が低いという感覚を，さらにビジュアル化するために，真上から坂を見下ろしたものであるとしよう。すると，**図5**のような坂で ＋1Ｃの点電荷という「ボール」をころがしていたことになるね。この坂の「高さ」を表すのが電位だ。

図5　図4はこの坂を真上から見下ろしたもの

このように，電場・電位の図を見るときはいつも，「今どんな地形を見下ろしているんだろうか」とイメージする習慣をつけよう。

3　電位を数字で表すには？

「富士山の高さは，標高 3776 m」というように，地形の「高さ」は海面を基準点として数値で表すことができるね。そこで，**2** で見てきた電位という「高さ」も何らかの方法で数値で表せないか考えてみよう。

たとえば，キミが引っ越しのバイトをしているとするよ。今，同じ荷物を階段で，ビルの 1 階から 2 階まで運ぶのと，1 階から50階まで運ぶのとが同じバイト料だったらどっちを選ぶ？

> そりゃ，1階から2階ですよ。50階みたいに高いところまで運んだらクタクタですよ。

そりゃ，そうだろうねえ（笑）。　つまり，

高いところに運ぶほど，それだけ仕事量が多くなる。

逆にいえば，高さ 0 の点からある点まで，荷物を重力に逆らって運ぶのに必要な仕事量が多いほど，その点の「重力中での高さ」は高いことになるね。そこで，電場中でも同様に，基準点からある点まで $+1\,\mathbf{C}$ の点電荷という「荷物」を電場に逆らって運ぶのに必要な仕事量というものを考えよう。この仕事量が多いほど，その点での「電場中の高さ」つまり，電位は高いことになるね。よって，この仕事量で，その点の電位を表すことにしよう。

たとえば，**図6(a)**のように，右向きに10 N/Cの一様な電場中の点Pでの電位を求めたいとする。電位を求めるには，まず電位0Vの基準点を定めることが必要だね。そこで，今の場合は**図6(b)**のように，点Pから右へ10 m離れた点Oを電位0Vの基準点にとることにしよう。

　そしていよいよ，**図6(c)**のように，+1Cの点電荷という「荷物」をゆっくりと点Oから点Pまで運ぶぞ。このとき，電場に逆らって10 Nの外力を左向きに加えつつ，左へ10 m運ぶことになる。これに要する仕事は(力10 N)×(距離10 m)＝100 Jだね。すると，**図6(d)**のように，点Oを基準とした点Pの電位は100Vであると求められるんだ。

図6　電位の求め方の手順

・POINT ❸・ **電位の定義（その1）**

基準点（電位0の点）から，＋1Cの点電荷を，電場 $\vec{E}$ に逆らってゆっくりとある点まで運ぶのに要する仕事量が V〔J〕のとき，その点の電位を V〔J/C〕＝〔V〕（ボルト）であると約束する。

何度も何度もこの定義に戻って考える習慣を身につけよう。

チェック問題 **2**〉**電場と電位**　　　　　　標準 **6**分

図のように2m離れた2点A，Bがあり，点Bの電位を0Vとすると点Aの電位は12Vとなっている。この空間中の

電場は A → B または，B → A の向きで，大きさは一様とする。

(1) この空間中の電場 $\vec{E}$ の向きと大きさ E [N/C]を求めよ。

(2) ＋3Cの点電荷を点Bに置くとき，受ける力 $\vec{F}$ の向きと大きさ F [N]を求めよ。

(3) ＋3Cの点電荷を，点Bから点Aまで運ぶのに要する仕事 W [J]を求めよ。

解説 (1) まず，大ざっぱに，Aが高く，Bが低い**図a**のような**坂をイメージ**しよう。すると，この斜面から「＋1Cのボール」が受ける力の向きから，電場の向きは A → B ……**答** となっていることがわかるね。

次に電場の大きさを求めよう。まずは，Bが0V，Aが12Vというのはどういうことかな。上の《電位の定義（その1）》に戻って言ってみて？

> えーと，＋1Cの点電荷を，電場 E に逆らってBからAまでゆっくりと運ぶのに要する仕事が12Jということです。

すばらしい！ つまり，**図b**のように，＋1Cの点電荷をBからAまで電

場 E に逆らって, 左向きの外力 E 〔N〕を加えつつ, 2 m 運ぶ仕事が 12 J ということから,

$$\underbrace{E\,\text{〔N〕}}_{\text{外力}} \times \underbrace{2\,\text{m}}_{\text{距離}} = \underbrace{12\,\text{J}}_{\text{仕事}}$$

$\therefore\ E = 6\,\text{N/C}$……答

このように, つねにしつこいぐらい, +1 C の点電荷を使って定義に戻って考える必要があるんだ。

図 a

$E \times 2 = 12\,\text{J}$ の仕事を要する

図 b

(2) (1)で求めたように, 電場の向きは A → B で, その大きさは $E = 6\,\text{N/C}$ となった。これはどういうことか, 《電場の定義》(p.60)に戻って言ってみて?

> ええと, +1 C の点電荷を置いたとき, その +1 C が, A → B の向きに大きさ $E = 6\,\text{N}$ の力を受けるということです。

いいねえ! その調子だ。すると, 本問で, 図cのように, +3 C の点電荷を置くとき受ける電気力 $\vec{F}$ の大きさ F は, その 3 倍で,

$F = 6 \times \overset{\frown}{3}$

$\quad = 18\,\text{N}$……答

向きは A → B……答 の向きとなる。

図 c

(3) 図dのように，(2)で求めた電
気力 F（＝18 N）に逆らって，
外力 F を加え，B から A まで運
ぶのに要する仕事 W は，

$$\underbrace{W}_{仕事} = \underbrace{F}_{外力} \times \underbrace{2\,\text{m}}_{距離}$$

$$= 18 \times 2$$

$$= 36\,\text{J}\cdots\cdots\boxed{答}$$

2 m 運ぶ

図 d

別 解 (1)でも見たように，《電位の定義（その1）》より，＋1 C の点電荷
を B から A まで運ぶ仕事が 12 J となるので，＋3 C を B から A まで運
ぶのに要する仕事 W はその 3 倍で，

$$W = 12 \times 3 = 36\,\text{J}\cdots\cdots\boxed{答}$$

何度もしつこく電位
の定義に戻って考え
るんだよ。

4 電位と位置エネルギーの関係とは？

ここで, 力学のおさらいをしてみよう。高さ h の位置にある質量 m の物体がもっている重力による位置エネルギーは mgh だったよね。なぜ, mgh となったのか思い出してみよう。

えーと, 重力 mg に逆らって, 上向きの外力 mg を加えつつ, h (m)持ち上げるときに投入した仕事 $mg \times h$ が, エネルギーとして蓄えられたからです。

OK！ まさに, **図7**のように, 外力が投入した mgh の分だけ, 物体は他の物体に仕事をする能力（エネルギー）をもつんだね。

図7 重力による位置エネルギー mgh の意味

全く同じように, 次ページの**図8**のように, $100\,V$ の電位差のある点 O から点 P まで $10\,N \times 10\,m = 100\,J$ の仕事を投入して持ち上げた $+1\,C$ の点電荷は, 手を放すと, 相手に $10\,N \times 10\,m = 100\,J$ の仕事をする能力（エネルギー）をもつんだね。

この電気力が他の物体に対して仕事をする能力のことを, 電気力による位置エネルギーというよ。

+1 C の点電荷を 10 × 10 = 100 J の仕事を投入して持ち上げた

ならば

この +1 C の点電荷は，10 × 10 = 100 J だけの仕事をする能力（エネルギー）をもつ

図8　100 V の点に置かれた +1 C の点電荷は 100 J の仕事をする能力をもつ

　つまり，100 V の点に置かれた +1 C の点電荷は 100 J の電気力による位置エネルギーをもつんだ。もちろん，200 V の点に置かれれば 200 J，1000 V の点に置かれれば 1000 J の電気力による位置エネルギーをもつ。

　よって，一般に次のことが言えるよね。

> **・POINT ❹・　電位の定義（その2）**
>
> 　電位 V (V) の点に置かれた +1 C の点電荷は，V (J) の電気力による位置エネルギーをもつ。

　やはり，ここでも +1 C あたりが大切だよ。+1 C あたりがもつ電気力による位置エネルギーが電位 V なんだ。

5 電気力による位置エネルギー

図8で見たように，+1 C が 100 V にあるとき，+1 C は 100 J の電気力による位置エネルギーをもったね。では，+2 C が 100 V にあったら？……そう，2 倍の力を受けるから，仕事能力も，$100 \times 2 = 200$ J になるね。+3 C なら，$100 \times 3 = 300$ J だ。

同じようにして，一般に次のことが言えるね。

・POINT 5・ 電気力による位置エネルギー

+q〔C〕の点電荷が，電位 V〔V〕の位置にあるときにもつ電気力による位置エネルギー U〔J〕は，

$$U = V \times q = \boxed{q \times V} \ \text{〔J〕}$$

+q〔C〕
V〔V〕
U〔J〕

---

6 仕事とエネルギーの関係

今さら聞くのもなんですが，電位なんてものを考えて何か役に立つことがあるのですか？

いい質問だ！　それは，力学に戻ってみるとわかるんだ。力学で，速さ v や高さ h，伸び縮み x や仕事 W を問われたらどのようにして求めるのが最もカンタンで，早い方法だったか覚えているかな？

仕事とエネルギーの関係でしたね。

そうだ。もちろん，力を作図し，運動方程式から加速度を出し，等加速度運動の公式から求めるという方法もあったけど，メンドウだし，それに等加速度運動のときにしか使えなかったんだよね。

そこで，力学と同じように，電磁気でも，電荷を運ぶ仕事 W や電荷の速さ v を求めるときには，仕事とエネルギーの関係を利用すると非常に便利なんだ。

したがって，力学分野にあった重力による位置エネルギー $mg \times h$ と全く同じように，電気力による位置エネルギー $q \times V$ をつくり，力学と同様に，「仕事とエネルギーの関係」を式で書けるようにしたかったんだね。まさに，そのために電位 V というものを考えたんだよ。

•POINT ⑥• （電気の分野の）仕事とエネルギーの関係

$$\begin{pmatrix} \overset{\text{前}}{\text{エネルギー}} \end{pmatrix} + \begin{pmatrix} \overset{\text{中の電気力}}{\text{以外の仕事 } W} \end{pmatrix} = \begin{pmatrix} \overset{\text{後}}{\text{エネルギー}} \end{pmatrix}$$

$$\| \downarrow$$

$$\frac{1}{2}mv^2 + qV \qquad \text{電気力のする仕事はすでにここで計算済みなので}$$

㊟速さ v，電位 V，仕事 W を問うとき用いる

この仕事とエネルギーの関係で，荷電粒子の運動を自由自在に予言することができるね。

電子を自由自在にコントロールしてコンピュータや家電製品などを制御していく学問をエレクトロニクスというよ。電場や電位の考え方が，このように役立っていくんだよ！

早速この「仕事とエネルギーの関係」を使ってみようか！

チェック問題 3 〉 **電気力による位置エネルギー** 　　標準 **10**分

　p.66の **チェック問題 2** で見たのと同じ空間中で，次の(1)～(3)の問いに答えよ。

(1) **チェック問題 2** の(3)の W を仕事とエネルギーの関係から求めよ。

(2) 　点Aに電気量 q [C]で質量 m [kg]の正の点電荷を置き，静かに放した。やがて，点Bを通過するときの点電荷の速さ v [m/s]を求めよ。

(3) 　点Bから点Aに向けて電気量 q [C]で質量 m [kg]の正の点電荷を初速の大きさ v_0 [m/s]で打ち出す。点Aに達したときの速さ v_1 [m/s]を求めよ。

解説 (1)　仕事 W を問う問題だ。図aの㊥で電気力 ⦅以外⦆ の仕事として

外力の仕事Wがあるので，《仕事とエネルギーの関係》より，

$$\overset{\text{㊞}}{\left(\frac{1}{2}m\cdot 0^2 + 3 \times 0\right)} \;+\; \overset{\text{㊥}}{W} = \overset{\text{㊡}}{\left(\frac{1}{2}m\cdot 0^2 + 3 \times 12\right)}$$

$$\therefore \quad W = 36\,\text{J} \cdots\cdots \boxed{\text{答}}$$

図 a

(2) 速さ v を問う問題だね。図 b で，中では電気力以外の仕事はないので，《仕事とエネルギーの関係》より，前，後での $\frac{1}{2}mv^2 + q \times V$ は等しくなり，

$$
\overset{\text{前}}{\frac{1}{2}m \cdot 0^2 + q \times 12} = \overset{\text{後}}{\frac{1}{2}mv^2 + q \times 0}
$$

$$
\therefore \quad v = 2\sqrt{\frac{6q}{m}} \ \text{[m/s]} \ \cdots\cdots \boxed{\text{答}}
$$

図 b

(3) 速さ v_1 を問う問題だね。図 c の中では電気力以外の仕事はないので，《仕事とエネルギーの関係》より，

$$
\overset{\text{前}}{\frac{1}{2}mv_0^2 + q \times 0} = \overset{\text{後}}{\frac{1}{2}mv_1^2 + q \times 12}
$$

$$
\therefore \quad v_1 = \sqrt{v_0^2 - \frac{24q}{m}} \ \text{[m/s]} \ \cdots\cdots \boxed{\text{答}}
$$

図 c

① 電場 $\vec{E}$ 〔N/C〕；その点に置かれる $+1\,\mathrm{C}$ の点電荷の受ける力の向きと大きさで表される場。

② 電位 V 〔V〕
(1) イ メ ー ジ；電場中で $+1\,\mathrm{C}$ の点電荷を手放すときの運動を，ある坂を真上から見下ろしたときの坂の斜面をころがるボールの運動とみなす。その坂の高さに相当するものを電位という。

(2) 定義(その1)；基準点($0\,\mathrm{V}$)から，電場に逆らってゆっくりとある点まで $+1\,\mathrm{C}$ の点電荷を運ぶのに要する仕事が V 〔J〕のとき，その点の電位を V 〔V〕とする。

(3) 定義(その2)；その点に置かれる $+1\,\mathrm{C}$ の点電荷のもつ電気力による位置エネルギーが V 〔J〕のとき，その点の電位を V 〔V〕とする。

③ 《仕事とエネルギーの関係》(v, V, W を問うときに用いる)

$$\begin{pmatrix} \text{前の} \\ \text{エネルギー} \end{pmatrix} + \begin{pmatrix} \text{中の電気力} \\ \text{以外の仕事 } W \end{pmatrix} = \begin{pmatrix} \text{後の} \\ \text{エネルギー} \end{pmatrix}$$

$$\frac{1}{2}mv^2 + \underbrace{q \times V}_{\text{電気力による位置エネルギー}}$$

点 電 荷

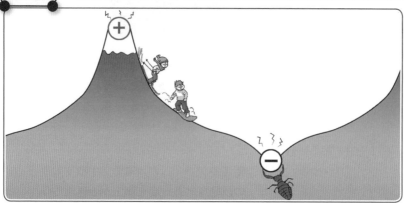

▲プラスは山の地形，マイナスは谷の地形をつくる

STORY 1 クーロンの法則

1 クーロンの法則とは？

　点電荷というのは，電子や陽子，陽イオンなどのように，電気を帯びた大きさが無視できるほど小さい粒のことだ。2つの点電荷の間には，同符号の電気なら反発力(斥力)が，異符号の電気なら引力がはたらく。

　　　　反発力　　　　　　　　　　引力

図1　同符号なら反発力，異符号なら引力

そして、その力の大きさ F については、次の2つの事実が、実験から知られているんだ。

①　F は、2つの点電荷の電気量の絶対値の積 $|q_1| \times |q_2|$ に比例する。 「大きさ」なので

（2つの電荷ともタップリ電気を帯びていると、強い力になる）

②　F は、2つの点電荷の間の距離 r の2乗に反比例する。

（2倍、3倍、……と離れていくと、$\dfrac{1}{4}$ 倍、$\dfrac{1}{9}$ 倍、……と急速に力は弱まる）

　以上より、比例定数（クーロン定数という）を、$k = 9.0 \times 10^9 \ \mathrm{N \cdot m^2/C^2}$ として、

$$F = k \times \dfrac{|q_1| \times |q_2|}{r^2} \quad \begin{array}{l} \leftarrow ①より \\ \leftarrow ②より \end{array}$$

と書けるね。これをクーロンの法則という。

・POINT ❶・ クーロンの法則

q_1〔C〕　　　　q_2〔C〕

F〔N〕　　　　　　F〔N〕

距離 r〔m〕

$$F = k \times \dfrac{|q_1| \times |q_2|}{r^2}$$

電気量の絶対値の積に比例

距離の2乗に反比例

　ここで注意したいのは、このクーロンの法則というのは、点電荷どうしの間にしか使えない法則だということだ。

たとえば，**図2**のように，片方が板状の電荷（電気を帯びた物体）だったり，両方とも板状の電荷の場合には，決してクーロンの法則は使っちゃいけないんだ。

$$F = k \times \frac{|q_1| \times |q_2|}{r^2}$$
はダメ!!

図2　クーロンの法則を使ってはいけない例

　ただし，点電荷ではなくても，球状に分布した電荷の場合には，2つの球の中心間の距離を r [m]とすれば，クーロンの法則は使えることがわかっているんだ（このことは，**9**のガウスの法則で見ることになるよ）。

2　点電荷のつくる電場

　図3のように，$+Q$ [C]の点電荷から，右へ r [m]だけ離れた点Pでの電場は，どの向きに，いくらの大きさだろうか？　どうやって調べるかい？

この点の電場は
どの向きにいくらの大きさだろう

図3　点Pでの電場を調べたい

6（p.59）でやったように，＋1 C の点電荷という「センサー」を置いてみて，受ける電気力を調べればいいんですよ。

OK！　よく思い出せた。すると，**図4**のように点Ｐに置かれた＋１Ｃの点電荷はプラスどうしの反発力によって右向きに電気力を受ける。よって，点Ｐでの電場の向きは右向きだ。そして，その大きさ F は，p.77のクーロンの法則で，$F \to E$，$q_1 \to Q$，$q_2 = +1$として，

$$E = k\,\frac{Q \times 1}{r^2} = k\,\frac{Q}{r^2} \quad \text{となるね。}$$

図4　点電荷のつくる電場 $\vec{E}$

点電荷のつくる電場 $\vec{E}$ を問われたら，「その点に ＋１Ｃの点電荷を置いてみて，そこで受ける電気力をクーロンの法則で求める」というワンパターンのやり方でOKだよ！

さっそく，この方法を次の問題で使ってみよう。

チェック問題 1　点電荷がつくる電場　標準 **7**分

　　＋Q〔C〕，－Q〔C〕の点電荷＋Q，－Qが，図のように xy 座標軸上に置かれている。クーロン定数を k とする。

(1)　点Ｏの位置に－Q がつくる電場 $\vec{E_-}$ の向きと大きさを求めよ。

(2)　点Ｏに＋Q と－Q がつくる電場の和(合成電場) $\vec{E_0}$ の向きと大きさを求めよ。

(3)　点Ｐに＋Q と－Q がつくる合成電場 $\vec{E_P}$ の向きと大きさを求めよ。

(1) 図**a**のように，点 O に
+1 C の点電荷を置くと，$-Q$ から
受ける電気力（引力）の向きは $+x$
方向……**答** で，その大きさはクー
ロンの法則より，

図 a

$$E_- = k\,\frac{|-Q|}{a^2} = k\,\frac{Q}{a^2} \cdots\cdots① \quad \cdots\cdots 答$$

(2)

> 2つ以上の点電荷があるときには，いったいどうやっ
> て，そのつくる電場を求めるんですか？

まず，1つひとつの点電荷
がつくる電場を，それぞれ
求めておこう。(1)の**図a**で
$-Q$ がつくる電場 $\vec{E_-}$ は求
めた。

図 b

一方，$+Q$ が点 O につく
る電場 $\vec{E_+}$ を求めると**図b**
のようになる。

その大きさはクーロンの
法則より，

図 c

$$E_+ = k\,\frac{Q}{a^2} \cdots\cdots②$$

次に，図**c**のように，$\vec{E_-}$ と $\vec{E_+}$ のベクトル和（矢印としての足し算）を
とると，それが点 O に $+Q$ と $-Q$ の両方がつくる合成電場 $\vec{E_0}$ となる。
合成電場 $\vec{E_0}$ の向きは $+x$ 方向……**答**
で，その大きさは，**図c**より，

$$E_0 = E_- + E_+ \underset{①+②より}{=} 2k\,\frac{Q}{a^2} \cdots\cdots 答$$

(3) まず，**図d**のように，点Pに
$+1\,C$の点電荷を置くと，$+Q$からは
反発力として$\vec{E_1}$，$-Q$からは引力
として$\vec{E_2}$の力を受ける。その大き
さはともにクーロンの法則により，

$$E_1 = E_2$$
$$= k\,\frac{Q}{(\sqrt{2}\,a)^2} = \frac{kQ}{2a^2} \cdots\cdots ③$$

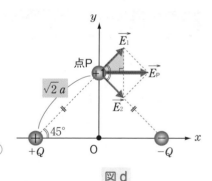

図d

となる。

　次に，$\vec{E_1}$と$\vec{E_2}$を，図のように**ベクトル和**をとり$\vec{E_P}$とする。

　合成電場$\vec{E_P}$の向きは$+x$方向……**答**

で，その大きさは，図の色をつけた三角形の底辺の2倍で，

$$E_P = \underbrace{E_1 \cos 45°}_{\substack{\text{色をつけた}\\\text{三角形の底辺}}} \times 2 = \underbrace{\frac{kQ}{2a^2}}_{③より} \times \frac{1}{\sqrt{2}} \times 2 = \frac{kQ}{\sqrt{2}\,a^2}\cdots\cdots\text{**答**}$$

以上をまとめておこう。

・POINT ❷・ **点電荷のつくる電場を問われたら**

① 求めたい点に$+1\,C$の点電荷を置く。

② その$+1\,C$の点電荷が各点電荷から受ける力$\vec{E_1}$，$\vec{E_2}$をそれぞれクーロンの法則で求める。

③ $\vec{E_1}$，$\vec{E_2}$のベクトル和をとって，合成電場$\vec{E}_{合成}$を求める。

STORY ② 点電荷のつくる電位

1 +Q のまわりには富士山ができる

図5のように，空間にポツンと+Q [C] の正の点電荷
が置いてあるぞ。じゃあ，この+Q [C] のまわりは「高
い」ところかな，「低い」ところかな？　もちろん，「高い」
「低い」というのは，p.63で見た電位（+1Cの感じる高
さ）のことだよ。+1Cの点電荷を使って説明してみて。

+Q

図5

えーと，+Q のまわりに+1Cの点電荷を置いて手を放す
と，そう，図6のように，どこに置いても+1Cは，+Q
[C] から反発力を受けてピューンと遠ざかって（落ちて）い
く。すると，……そう，+Q [C] のまわりは高いところだ。

図6　+Q のまわりは高い

いいぞ！　すると，この様子はちょうど図7のような「富士山」のま
わりに置いたボールが，そのすそ野を転がり落ちる様子を真上から見
下ろしたものになるね。

図7　+Q はそのまわりの空間を「富士山」のように隆起させている

2 −Q のまわりにはすり鉢状の谷ができる

図8のように，−Q [C]の場合は，まわりに＋1C の点電荷を置いて手を放すと，必ず−Q [C]に向かって吸い込まれて「落ちて」いくね。

図8　−Q のまわりは低い

このことから，−Q [C]のまわりには＋Q のまわりの「富士山」を上下にひっくり返したような「すり鉢状の谷」ができていることがわかるね。

真上から
見下ろしたのが
図8

図9　−Q はそのまわりの空間を「すり鉢状の谷」のように沈降させている

◆POINT ❸ ＋Q，−Q のまわりの電位のイメージ

＋Q を山頂とする「富士山」のようにもり上がった高い電位。
−Q を谷底とする「すり鉢状の谷」のように沈んだ低い電位。

---

3 点電荷のつくる電位の式

　$+Q$，$-Q$のまわりの電位のイメージがつかめてきたところで，具体的に，**図10**のように，点電荷から距離r[m]離れた点Pでの電位V[V]を式として求めてみよう。

ここでの電位V[V]はいくらだろう

図10　点Pでの電位を求めたい

　まず，電位を決めるときに必ず定めなきゃならないものって何？

> それは，$V=0\,\mathrm{V}$となる基準点です。高さ0の点を定めないと，高さを決めることはできません。

　そうだ。じつは点電荷の場合は約束で，いつも必ず$r=\infty$となる無限遠点（むげんえんてん）で$V=0\,\mathrm{V}$とすることになっているんだ。

> なぜですか？

　それは，無限遠点なら，どの電荷の影響も受けないからだよ。
　次に，いよいよ点Pの電位を決めるけど，ここでもう1回《電位の定義（その1）》（p.66）にしたがって，点Pの電位の求め方を言ってごらん。

> ハイ，$+1\,\mathrm{C}$の点電荷を，無限遠の$0\,\mathrm{V}$の基準点Oから，$+Q$のつくる電場$\vec{E}$に逆らって，ゆっくりと点Pまで運ぶのに要する仕事が，点Pでの電位Vとなります。

　よし！　よく思い出せた。すると，点Pでの電位Vの求め方は，次の**図11**のように図示することができるね。
　この仕事を求めるときに問題が生じる。それは，$+Q$のつくる電場の大きさEが点電荷からの距離xの2乗に反比例して変化することだ。

図11　V の求め方

　すると，電場に逆らって加える外力の大きさ E も x^2 に反比例して変化させなくてはならない。よって，この外力 E のする仕事は，単純に（力）×（距離）では求められない。どうしたらいいだろうか？

　力学で，場所によって変化する力のする仕事を計算するときのお決まりのやり方は何だっけ？

 えーと，（力 F）−（距離 x）グラフをかいて，その下の面積で求めます。

　そうだったね。そこで，今回は，**図12** のように縦軸に（外力の大きさ E）＝$\left(電場の大きさ E = k\dfrac{Q}{x^2}\right)$，横軸に（距離 x）のグラフをかいて，その下の $x=r$ から $x=\infty$ までの面積で，（求める仕事 W）＝（電位 V）を求めるしかないね。

$$
\begin{aligned}
電位\ V &= \int_{r}^{\infty} \frac{kQ}{x^2}\,dx \\
&= \left[-\frac{kQ}{x} \right]_{r}^{\infty} \\
&= -\frac{kQ}{\infty} - \left(-\frac{kQ}{r} \right) \\
&= k\frac{Q}{r}
\end{aligned}
$$

図12　（力 F）−（距離 x）グラフ

この計算結果より，点電荷 Q から距離 r だけ離れた位置での電位は

$$V = k\frac{Q}{r}$$

距離 r の1乗に反比例

となることが導けたね。

このように，「$+1\,\text{C}$ の点電荷を $0\,\text{V}$ の基準点から，ゆっくり電場 $\vec{E}$ に逆らって運ぶ仕事」を計算すれば，どんな電荷がつくる電位だって自由自在に計算できるんだ。

ここで，$V = k\dfrac{Q}{r}$ の式を，縦軸が電位（高さ）V，横軸が距離 r のグラフにかいてみると，図13のようになるね。

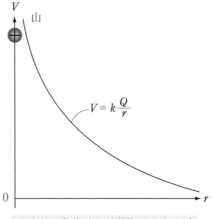

$V = k\dfrac{Q}{r}$

図13　富士山の斜面のイメージ

このグラフから何がイメージできるかな？

えーと，あ！　「富士山」です。富士山の斜面のイメージです。

まさにそうだね。このの $V = k\dfrac{Q}{r}$ 式は，まさに，$+Q$ がそのまわりに「富士山」の地形をつくっていること（ POINT 3 ）を表しているんだ。

4 $-Q$ のまわりの電位の式

同じように，$-Q$ から距離 r だけ離れた点の電位 V を計算しよう。図14のように，無限遠$(r=\infty)$を $0\,\mathrm{V}$ とする基準点 O から，左向きの電場 E に逆らって，外力 E を右向きに加えつつ（支えつつ）ゆっくりと左へ動かしていくのに外力 E は，正，負どちらの仕事をしているかい？

図14　V は負となる

右向きに支えつつ左向きに動かすから……そう，負の仕事です。

ということは，点 P での電位 V も負になるよね。

そして，その仕事の大きさは，図12でやったのと同じ計算になる。結局 $-Q$ のつくる電位 V は，$+Q$ のつくる電位とは符号だけ逆になった，

$$V = k\frac{-Q}{r}$$

となるね。

この式を，縦軸を電位 V（高さ），横軸を距離 r のグラフにかいてみると，図15のようになるけど，これは何のイメージかわかるかな？

図15　すり鉢状の谷のイメージ

ハイ，「すり鉢状の谷」の斜面を表しています。

そのとおりだね。

この $V = k\dfrac{-Q}{r}$ の式は，まさに $-Q$ が，そのまわりに「すり鉢状の

谷」の地形をつくっていること（ **POINT 3** ）を表しているんだね。

以上，点電荷のつくる電位の式についてまとめておこう。

POINT 4 ±Q〔C〕の点電荷のつくる電位 V〔V〕

■■ 基準点　$r = \infty$ となる無限遠点を $V = 0\,\mathrm{V}$ の基準点と約束

■■ 式　　$V = k\dfrac{\pm Q}{r}$　点電荷からの距離 r の1乗に反比例

電位は1乗と覚えよう
い　　いち

■■ グラフ

電位 V

+Q ⊕　山のイメージ

$V = k\dfrac{Q}{r}$

0　　点電荷からの距離 r

$V = k\dfrac{-Q}{r}$

−Q ⊖　谷のイメージ

　$+Q$ [C]，$-Q$ [C]の点電荷$+Q$，$-Q$が図のようにxy座標軸上に置かれている。クーロン定数をkとし，無限遠点での電位を0Vとする。

(1)　点Oに$+Q$がつくる電位V_+はいくらか。

(2)　点Oに$+Q$と$-Q$がつくる電位の和V_0(合成電位)はいくらか。

(3)　点Pに$+Q$と$-Q$がつくる合成電位V_Pはいくらか。

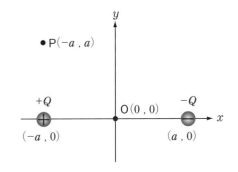

解説　(1)　図aのように，$+Q$のまわりには「富士山」のように隆起した地形ができている。その地形は$+Q$を山頂として，その距離rの1乗に反比例して下がっていく。

　とくに$r = \boxed{a}$だけ離れた点Oでの電位は，

$$V_+ = k\frac{+Q}{\boxed{a}} \cdots\cdots \text{答}$$

となっている。

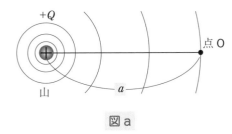

図a

(2)　図bのように，$-Q$のまわりには，「すり鉢状の谷」のように沈降した地形ができている。その地形は，$-Q$を谷底として，距離rの1乗に反比

例して上がってくる。とくに，$r = a$ だけ離れた点 O での電位は，

$$V_- = k\frac{-Q}{a}$$

となっている。

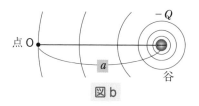

図b

　そして，いよいよ合成電位 V_0 を求めるけど，電位は「高さ」で向きをもたないスカラー量だから，単純に和をとればいいよ。

$$V_0 = V_+ + V_-$$
$$= k\frac{Q}{a} + k\frac{-Q}{a}$$
$$= 0 \cdots\cdots\text{答}$$

　一般に，x 軸上での合成電位のグラフは図cのようになるね。点 O では，$+Q$ が V_+ だけ隆起させた土地を，$-Q$ が $V_-(= V_+)$

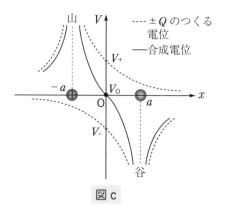

図c

だけ沈めてしまっているので，ちょうど打ち消し合って，合成電位は $V_0 = 0$ となるんだね。

(3)　点電荷は距離 r が命！

　図dで $+Q$，$-Q$ から点 P までの距離はそれぞれ a，$\sqrt{5}a$ なので，合成電位 V_P は，

$$V_P = k\frac{+Q}{a} + k\frac{-Q}{\sqrt{5}a}$$

$$= \left(1 - \frac{1}{\sqrt{5}}\right)k\frac{Q}{a} \cdots\cdots\text{答}$$

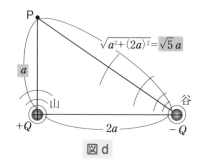

図d

となる。$V_P > 0$ となるのは，点 P が $-Q$（谷）よりも $+Q$（山）の近くにあるためだね。

クーロン定数を k とする。x 軸上に $+Q$ [C]，$-Q$ [C] の点電荷が固定されている。

(1) 点 O から点 P まで $+q$ [C] で質量 m の点電荷を運ぶのに要する仕事 W を求めよ。

(2) (1)で点 P まで運んだ点電荷を静かに放すと，点電荷は $-x$ 方向へ動いていき，点 O を通過した。このときの速さ v を求めよ。

解説 (1) この仕事を計算するのに，単純に，（力）×（距離）で計算できるかな？

うーん，場所によって，$+Q$ と $-Q$ からの距離がだんだん変化していくから，一定の力じゃなくなるので，ちょっと難しいですね。

そうだね。すると，直接計算できない仕事はどうやって求めるかい？

（前のエネルギー）＋（中の仕事）＝（後のエネルギー）で間接的に求めるしかないです。

その通り。で，そのエネルギーとは，今の場合，**6** の p.71 でやった電気力による位置エネルギー

$$U =（電気量\ q）×（その点の電位\ V）$$

のことだね。

この U を求めるために，まずは点 O と点 P のそれぞれの点に，$+Q$ と $-Q$ がつくる合成電位 V_0，V_P を求めておく必要があるね。

まず，**図a**より V_0 は，

$$V_0 = k\frac{-Q}{a} + k\frac{Q}{a}$$

$$= 0 \cdots\cdots ①$$

次に，**図b**より V_P は，

$$V_P = k\frac{-Q}{\frac{3}{2}a} + k\frac{Q}{\frac{1}{2}a}$$

$$= \frac{4kQ}{3a} \cdots\cdots ②$$

図a

図b

ようし，これで準備完了！

さて，まず**図c**で，《仕事とエネルギーの関係》(p.72)より，

$$\underbrace{q \times V_0}_{\substack{\text{前の}\\\text{エネルギー}}} + \underbrace{W}_{\substack{\text{中の}\\\text{仕事}}} = \underbrace{q \times V_P}_{\substack{\text{後の}\\\text{エネルギー}}}$$

よって，

$$W = q(V_P - V_0)$$

$$\underset{①②より}{=} \frac{4kQq}{3a} \cdots\cdots \boxed{答}$$

図c

(2) この速度 v も，等加速度運動のような単純な運動ではないので，エネルギーで求めるしかないね。

図dで途中では電気力以外の仕事はないので《仕事とエネルギーの関係》より，

$$\underbrace{\frac{1}{2}m\cdot 0^2 + q \times V_P}_{\text{前のエネルギー}} = \underbrace{\frac{1}{2}mv^2 + q \times V_0}_{\text{後のエネルギー}}$$

$$\therefore \quad v = \sqrt{\frac{2q}{m}(V_P - V_0)}$$

$$\underset{\substack{①②\\より}}{=} \sqrt{\frac{8kQq}{3ma}} \cdots\cdots \boxed{答}$$

図d

第 7 章
ま と め

① クーロンの法則（点電荷間のみに成立）

$$F = k \times \frac{|q_1| \times |q_2|}{r^2}$$

距離 r の2乗

② 点電荷のつくる電場（E）は＋1Cの点電荷を置いてみて，受ける力（F）をクーロンの法則で求めればよい。

③ 点電荷のつくる電位の地形的イメージ

(1) ＋Q のまわりには「富士山」のように隆起した高い電位。

(2) －Q のまわりには「すり鉢状の谷」のように沈んだ低い電位。

④ 点電荷のつくる電位の式（無限遠点 $r = \infty$ で $V = 0$ と約束）

$$V = k \frac{\pm Q}{r}$$

距離 r の1乗

⑤ 2つ以上の電荷がつくる合成電場と合成電位のつくり方

① 合成電場　　　　　② 合成電位

第8章 電気力線と等電位線

▲等高線で地形を表すことができる

STORY 1 /// 電気力線と等電位線

1 地図帳を思い出そう

　地図帳で，いろいろな地形が，等高線を使って表されているのを見たことはあるよね。たとえば，**図1**のような地形で，AB が川であるとすると，上流側は A と B どちらかな？

 えーと，標高が高い A のほうです。高い A から低い B へ向かって川は流れています。

　そうだね。川の水というのは，斜面から力を受けて流れるんだね。だから，等高線と川とは，直角に交わるんだね。

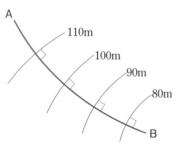

図1　川はどちらへ流れる？

2 電気力線，等電位線とはどんな線？

さて，⑦までで，正や負の電荷のまわりの空間には「山」や「谷」のように隆起したり，沈降したりしたゆがんだ「地形」がつくられていること，そして，その「高さ」が電位 V [V]だということを見てきたね。さらに，この「地形」の「斜面」から受ける力のことを電場 $\vec{E}$ [N/C]ということも見てきたね。

ここで，地図の上では山や谷が等高線で表され，斜面から受ける力の向きが川の流れで見えるのと同じように，電位や電場を等高線や川に相当する線で表すことができるはずだよね。そうすれば，電場と電位という目に見えないモノを簡単な図形として，表していくことができるんだ。

そこで，今から次の2つの線を定義していきたいと思う。

❶ 電気力線：各点の電場ベクトルをつないだ線
（⊕から湧き出し，⊖へ流れ込む川のイメージ）
❷ 等電位線：電位の等しい点を結んだ線
（等高線のイメージ）

例として，$+Q$ [C]の点電荷のまわりの❶電気力線と❷等電位線の様子を見てみよう。

❶ 図2のように，$+Q$ のまわりには，放射状に外向きに電場が走っているから，電気力線は$+Q$ から湧き出して，無限遠まで拡がっていく。

図2 $+Q$ のまわりの様子

❷ 図2のように，「富士山」の等高線のような，$+Q$ を山頂とする同心円状の等電位線ができる。

図2は，まさに「富士山頂からマグマが湧き出して流れ落ちる様子」を見下ろしているイメージだよね。

さて，図2の❶電気力線，❷等電位線の間にはいつもどんな関係が見られるかな？　ヒントは，それらの交わり方だ。

あ！　❶と❷は，どこでも互いに直角に交わっています！

その通り！　図3のように，斜面から力を受けて転がるボールが，斜面の最も急な方向へと転がるのと同じことなんだ。斜面の最も急な方向というのは，等高線と直角に交わる方向だ。その方向に力を受ける，つまり，電気力線が走っているということだね。

等高線

この方向に転がる

この方向には転がらない

図3　最も急な方向に転がる

・POINT ❶・　電気力線と等電位線

❶　電気力線：電場ベクトル $\vec{E}$ 〔N/C〕をつないだ線
　　　　　　（⊕から湧き出して⊖へ流れ込む川のイメージ）

❷　等電位線：電位 V 〔V〕の等しい点を結んだ線
　　　　　　（等高線のイメージ）

㊟　❶と❷とは必ず<u>直交</u>する。

次の各場合の電気力線と等電位線の概略図をかけ。

(1) $+Q$ と $-Q$ の点電荷があるとき

(2) $+Q$ と $+Q$ の点電荷があるとき

解説〉 (1)　この問題では，キミは，電気力線と等電位線のどっちから先にかくかい？

> そんなのどっちだってかまわないんじゃないですか？

本当に？　じゃあ，電気力線からかいてみて。

> えーと，+1 C を置いて受ける力を**図 a**のように，1つひとつの点で求めてみると……ヒェーいちいちメンドウだ〜。

図 a

でしょ。いちいち+1 C を置いてかくのは正当なやり方ではあるけど，時間内には終わらないよね。

そこで，この種の問題では等電位線からかくのが鉄則。

まず，$+Q$ を山，$-Q$ を谷とすると，そのおおざっぱな地形のイメージは次ページの**図 b**のようになるよね。

その等電位線は，＋Qの山の近くと－Qの谷の近くでは，ほぼ同心円状となるね。

また，＋Qと－Qの垂直二等分線上では，＋Qと－Qのつくる合成電位はプラスマイナスの差し引き0となって電位0Vの等電位線ができるね。

すると，**図c**のような等電位線が，おおざっぱにかけるね。

そして，次に……

図b

図c

それと直角になるように，電気力線を引けばいいのですね。

先に言われちゃったね。すると，**図d**のように電気力線がかける。

これはまるで，富士山頂から湧き出したマグマが，谷に向かって流れ落ち，谷底に吸い込まれていく様子を表しているね。

この**図d**が答だ。

図d

(2) 今度は，**図e**のように
2つの富士山をイメージ
してみよう。すると，
その等高線は，**図f**のよ
うになるね。そして，
その等高線を等電位線
とみればいいんだね。
その形はまるで「メガ
ネ」のようだ。

　次に，その等電位線
と直交するように電気
力線をかけばいいんだ。

　その様子は，まるで2
つの富士山が同時に噴
火して，山頂からマグ
マが流れ出しているよ
うだね。

　この**図f**が**答**だ。

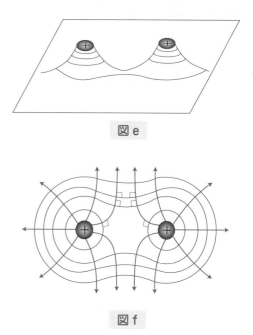

図e

図f

・POINT 2・ 点電荷のつくる電気力線と等電位線のかき方の手順

| まず | ⊕の近くを山，⊖の近くを谷とする地形をイメージする。 |

| 次に | その地形を表す等高線を等電位線としてかく。 |

| そして | その等電位線と<u>直交</u>するように，電気力線をかく。 |

①で金属などの導体の静電誘導(p.15)について見てきたね。その過程をもう一度，電場という考え方を使って見なおしてみよう。

図4の4コママンガで，導体の右側から正に帯電した棒を近づけたときの様子を追おう。本当は，①〜④は一瞬で起きる出来事だよ。

❶　正の帯電体のつくる電場$\vec{E}$が導体を左へズバッと貫いている。

❷　この電場$\vec{E}$から導体内の自由電子⊖が右向きに力を受けて右側表面上には⊖，左側表面上には⊕の電気が「びっしり」現れる。

❸　新しく生じた⊕⊖は，導体中に右向きの電場$\vec{E_\text{誘}}$をつくる。

❹　そして，この新しく生じた電場$\vec{E_\text{誘}}$が，もともと外部から加えられていた電場$\vec{E}$と打ち消すようになったところで，導体内の合成電場は0となり，もうこれ以上自由電子⊖は力を受けなくなり，移動がなくなって，平衡状態(落ちついた状態)になる。

引力

表面上に ⊕⊖ 生じる

内部の
合成電場
は0

図4

この**図4**の結果，導体（金属）の平衡状態について次の2つのことが言えるね。

① 金属の表面上のみに電荷は現れる。

② 金属内部には電場 $\vec{E}$ は生じない（生じても結局，静電誘導によって打ち消されてしまう）。

この2つから，金属内部の電位について何がわかるかい？ 電位の定義（p.66）に戻って考えて。

> ハイ！ 金属内部に電場はないから，＋1Cの点電荷を電場に逆らって動かすのに全く仕事は要しません。だから，金属内部には電位差が生じない。つまり，金属内部はどこでも等電位です。

いいぞ！ つまり，金属内部の電位は，地形のイメージでは，**図5**のように**テーブル状の平らな台地**ということになるね。すると，金属の表面は1つの等高線，つまり等電位線となることがわかるぞ。

また，等電位線と電気力線は必ず直交するので，電気力線は金属の表面に必ず垂直に出入りすることがわかるね。

図5　金属内部の電位のイメージ

POINT ③ 導体の電気力線と等電位線

(iii) 金属表面は**等電位線**。

(i) 電荷は**表面にのみ**
現れる。

90°

金属

(iv) 電気力線は金属表面に
垂直に出入りする。

(ii) 内部の電場は **0** であり,
連続している金属は
どこでも**等電位**。

　「金属内部で電場が0になる」ということは,「静電しゃへい」といって,電子レンジの電波(振動する電場)が外へもれないようにする装置や建物内で携帯電話の電波を「圏外」にするのに使われているんだ。

　また,「連続している金属は,どこでも等電位」ということは,❷の電気回路(p.23)で導線を水平な(電位という「高さ」が一定の)水路とみなしたときに,すでに使っていたんだ。

図のように，正と負の電気を帯びた極板間の点線の位置に，帯電していない金属球を挿入したときの，極板間の(1)電気力線と(2)等電位線の概形をかけ。

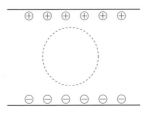

解 説 ◀ まず，金属球を入れると，静電誘導によって，図 a のように上の⊕の近くには⊖が，下の⊖の近くには⊕が現れる。

図 a

よって，図 b のように，電気力線がかけるが，ここで大切なことは，電気力線は，極板と金属球の表面に垂直に⊕から湧き出て，⊖には吸い込まれることである。図 b が，(1)電気力線の **答** となる。

図 b

そして，図 c のように，電気力線と直交するように等電位線（点線）をかこう。ここで，極板および金属球の表面も１つの等電位線となることに注意しよう。図 c の点線が，(2)等電位線の **答** となる。

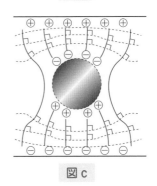

図 c

① 電気力線：電場ベクトルをつないだ線

（川のイメージ）

必ず
直交する {
⊕から湧き出て⊖に吸い込まれる
⊕から湧き出て無限遠に吸い込まれる
無限遠から湧き出て⊖に吸い込まれる

② 等電位線：電位の等しい点を結んだ線

（等高線のイメージ）

③ **金属の静電誘導と電気力線・等電位線**

① 金属内部には電場は存在しない。

② 金属内部はどこでも等電位であり，金属の表面は1つの等電位線である。

③ {
電気力線は金属表面の⊕から垂直に湧き出る。
電気力線は金属表面の⊖へ垂直に吸い込まれる。

次は，いよいよ
ガウスの法則だ！

第9章 ガウスの法則

▲カプセルで電気を「ゲットだぜ！」

STORY ① ガウスの法則

1 大きさのある電荷のつくる電場はどうやって求めるのか？

図1のような点電荷のつくる電場$\vec{E}$は、**7**(p.77)でクーロンの法則を使って$E = k\dfrac{Q}{r^2}$と、カンタンに求めることができたね。

では、図2のように大きさのある電荷がつくる電場$\vec{E}$は、どうやって求めるかい？

図1 点電荷のつくる電場

図2 大きさのある電荷のつくる電場

えーと，**図2**では，各点の点電荷のつくる電場を1つひとつベクトル和をとって……うわ〜，たいへんな計算だ！

　本当にそうだよねえ。正確に求めるには，1つひとつの点電荷からの距離，方向を考えてクーロンの法則で電場を求めて，その電場を積分を使って足していくことになるのでメンドウだよね。

　じつは，こんな大変なことをしないで，大きさのある電荷のつくる電場を求める方法があるのだ。それが，ここで扱う**ガウスの法則**というスバラシイ方法なんだ。

2 ガウスの法則の2大原則

　ガウスの法則を使う前には，いつもある作図をする必要があるんだ。その作業は，まるでポケ●ンのカプセルでカポッと

 ゲットだぜ！

のイメージとそっくりなんだ。

図3で

① ひろがりをもって分布する電荷を，

② 閉曲面(カプセル)Cで囲んで「ゲット」する。

③ すると，その電荷から湧き出す電気力線が「グサグサ」とカプセルを内側から貫いていく。

まるで，針ネズミのようですね。

①

②

閉曲面 C

③

電気力線

C

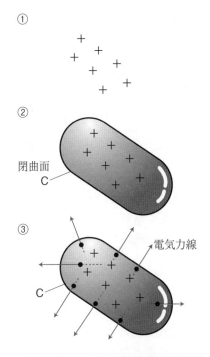

図3　ガウスの法則の基本作図

さて、この**図3③**の閉曲面 C をグサグサ貫いている電気力線の本数について、次の2つの原則が成立する。

図4　原則1

原則1　C を貫く電気力線の総本数 N は、C 内部に入っている全電気量を Q [C] とすると（**図4**）

$$N = 4\pi k \times Q = \frac{1}{\varepsilon_0} \times Q \text{ [本]}$$

$\begin{pmatrix} k : \text{クーロン定数} \\ \varepsilon_0 : \text{真空の誘電率} \end{pmatrix}$

←「イプシロンゼロ」と読む

要は、C 内に入っている電気量 Q が、2倍、3倍、……と増えると、C を貫いている電気力線の総本数 N も、それに比例して、2倍、3倍、……と増えていくイメージだよ。

N が Q に比例するイメージはわかりますが、その比例定数が $4\pi k$ や $\frac{1}{\varepsilon_0}$ となるのはどうしてですか。

それは、後で チェック問題 1 や チェック問題 3 で見るように、点電荷のクーロンの法則やコンデンサーの容量の式に合わせるためなんだ。

原則2　C の表面 $1\,\text{m}^2$ あたりを垂直に貫く電気力線の本数は、その点での電場の大きさ E に一致する。

図5　原則2

たとえば、**図5**のように、$1\,\text{m}^2$ あたり3本の電気力線が貫いている面での電場の大きさ E は、$E = 3\,\text{N/C}$ となるということだ。

$1\,\text{m}^2$ あたりを貫く電気力線が多い、つまり、密度が濃く密集している場所では、電場も強いというイメージだね。

・POINT ① ガウスの法則の２大原則

∷ 基 本 型

閉曲面 C

C 内部の
全電気量 Q [C]

原則 1 は
C 全体を見る

原則 2 は C の表面の 1 m² だけ見る

∷ 原　　則

原則 1 　C を貫く電気力線の総本数 N は

$$N = 4\pi k \times (\text{C 内部の全電気量 } Q) = \frac{1}{\varepsilon_0} \times Q$$

原則 2 　（電場の大きさ E）＝（1 m² あたりを貫く電気力線の本数）

チェック問題 1 ガウスの法則とクーロンの法則 　標準 5分

クーロン定数を k とする。

点 O の電荷＋Q [C] の点電荷から
r [m] 離れた点 P での電場の大きさが

$$E = k\frac{Q}{r^2}$$

となることを，ガ・ウ・ス・の法則により証明せよ。

解説 《ガウスの法則の2大原則》に忠実に解いていこう。まず，準備する作図は何かな？

図a

カプセルでゲットします。

いいねえ！　そこで，**図a**のように点Oを中心として，半径 r の球面Cで点電荷 $+Q$〔C〕を囲むよ。

原則1 より，球面Cを貫く電気力線の総本数 N は，**図a**より，

$$N = 4\pi k \times Q \text{〔本〕}$$

原則2 より，球面Cの $1\,\text{m}^2$ あたりを貫く電気力線の本数がその点での電場の大きさ E と一致する。

図b

ここでたとえば，もしCの表面積が $7\,\text{m}^2$ とすると，$1\,\text{m}^2$ あたりを貫く本数 E はいくらになるかい？

えーと，$7\,\text{m}^2$ で N 本貫いているんだな。そうすると，N を7で割ったものが $1\,\text{m}^2$ あたりの本数 E になります。

全く同じように，**図b**の球Cの表面積は $4\pi r^2$〔m^2〕で，これで電気力線の総本数 $N = 4\pi k \times Q$〔本〕を割ると，$1\,\text{m}^2$ あたりの電気力線の本数，つまり，電場の大きさ E が出るよ。これを計算すると，

$$E = \frac{4\pi k Q \text{〔本〕貫く}}{4\pi r^2 \text{〔m^2〕で}} = k\frac{Q}{r^2} \cdots\cdots \text{答}$$

となる。これは，クーロンの法則と一致するね。

なるほど，クーロンの法則と一致させるために **原則1** では，あの奇妙な，比例定数 $4\pi k$ が必要だったのですね。

まさに，そういうことだったのだ。

半径 a の球内に一様に分布した電気があり，その全電気量は $+Q$ [C] である。このとき，球の中心からの距離が r の点 P での電場の大きさ E を求めよ。ただし，クーロン定数を k とする。

(1) $r > a$ のとき

(2) $r < a$ のとき

解説 《ガウスの法則の２大原則》(p.109)で解こう。

(1) 図 a のように半径 $r (> a)$ の球 C で，すっぽりと $+Q$ [C] すべてを囲もう。

原則1 より，C を貫く電気力線の総本数 N は C の内部の全電気量が $+Q$ [C] なので，

$$N = 4\pi k \times Q \ [本]$$

となる。

原則2 より，C の表面 $1\,\mathrm{m^2}$ あたりを貫く電気力線の本数が，その点での電場 E となるので，

$$E = \frac{N\,[本]}{C \text{の表面積} 4\pi r^2\,[\mathrm{m^2}]}$$
$$= \frac{4\pi kQ}{4\pi r^2}$$
$$= k\frac{Q}{r^2} \cdots\cdots 答$$

図 a

これって，点電荷のつくる電場 $E = k\dfrac{Q}{r^2}$ と全く同じですね！

その通りだ。つまり，球の外部の場合には，全電気量 $+Q$ がすべて中心に点電荷として集中したとして，クーロンの法則を使っていいんだよ。

(2) 図bのように，半径 $r(<a)$ の球 C で球の内部を（まるで，スプーンでアイスクリームの内部をグリッとすくうように）えぐりとろう。

原則1 半径 a の球のもつ全電気量$+Q$ 〔C〕のうち，その内部の半径 r の球 C 内のみの全電気量 q 〔C〕は，体積比を考えて，図bより，

$$Q : q = \frac{4}{3}\pi a^3 : \frac{4}{3}\pi r^3$$

$$\therefore \quad q = \left(\frac{r}{a}\right)^3 Q$$

点線内部のみの全電気量 q〔C〕

図 b

よって，この C を貫く電気力線の総本数 N は，

$$N = 4\pi k \times q$$
$$= 4\pi k \times \left(\frac{r}{a}\right)^3 Q \text{〔本〕}$$

となる。

原則2 $E = \dfrac{N\text{〔本〕}}{4\pi r^2 \text{〔m}^2\text{〕}}$

$$= \frac{4\pi k \left(\dfrac{r}{a}\right)^3 Q}{4\pi r^2}$$

$$= \frac{kQr}{a^3} \cdots\cdots \text{答}$$

打ち消す

図 c

これはおもしろい結果で，なんと中心からの距離 r の1乗に比例した大きさの電場になっているんだ。

つまり，中心からの距離 r が2倍，3倍，4倍，……と遠くなるほど，電場の大きさ E も2倍，3倍，4倍，……と大きくなっていくんだね。

とくに，$r = 0$ とすると，$E = 0$ となるね。これは，図cのように，球の中心では，対称性より周囲からの電場が打ち消し合ってしまうことを意味しているんだよ。

間隔 d で十分広い面積 S の 2 枚の平板上(コンデンサーという)にそれぞれ $+Q$, $-Q$ の電荷を与えた。このとき, 真空の誘電率を, $\varepsilon_0 = \dfrac{1}{4\pi k}$ (k : クーロン定数)とする。

(1) このコンデンサーの内部のみにできる合成電場 E の大きさを求めよ。

(2) 下の極板を 0 V としたときの上の極板の電位 V [V] を求めよ。

(3) Q と V の比, $C = \dfrac{Q}{V}$ を求めよ。

解説 (1)

 どうしてコンデンサーの内部のみにしか, 合成電場 E はできないのですか?

それは, **図a**のように, $+Q$, $-Q$ の電荷が, それぞれつくる電場を $\overrightarrow{E_+}$, $\overrightarrow{E_-}$ として, そのベクトル和をつくるとわかるよ。

図aより, 結局外部の電場は打ち消し合って, 内部の電場 $\overrightarrow{E}$ のみ残るんだ。

よって, 問題文のような, 電気力線ができるんだ。

さて, 《ガウスの法則の2大原則》(p.109)に入ろう。

図a

原則1 で，図bのように上側の極板
のみを，きわめて平べったいピザ
の箱のようなカプセルCCで囲むと，
その下面のみを電気力線は貫く。
その総本数Nは，Cの内部の全電
気量が$+Q$〔C〕なので，

$$N = 4\pi k \times Q = \frac{1}{\varepsilon_0} \times Q \text{〔本〕} \cdots\cdots ①$$

となるね。

原則2 で，$1\,\text{m}^2$あたりを貫く本数が
電場の大きさEとなるので，図b
より，

$$E = \underset{\substack{\text{下面のみ}}}{\frac{N\text{〔本〕貫く}}{S\text{〔m}^2\text{〕で}}} = \underset{\text{①より}}{\frac{Q}{\varepsilon_0 S}}$$
$$\cdots\cdots ② \quad \cdots\cdots 答$$

となる。

図 b

(2) 電位Vの定義(p.66)より，図cのよ
うに，$+1\,\text{C}$の点電荷を(1)で求めた
電場$\vec{E}$に逆らってゆっくりと，下か
ら上までd〔m〕持ち上げるのに要す
る仕事が電位差V〔V〕なので，

$$\underset{\substack{\text{仕事} \quad \text{力} \quad \text{距離}}}{V = E \times d}$$

$$= \underset{\text{②より}}{\frac{Qd}{\varepsilon_0 S}} \cdots\cdots ③ \quad \cdots\cdots 答$$

図 c

(3) 与えられた式より，

$$C = \frac{Q}{V} = \underset{\text{③より}}{\frac{\varepsilon_0 S}{d}} \cdots\cdots 答$$

（この式にするために比例定数
$\frac{1}{\varepsilon_0}$ が必要だったんだね。）

じつは，このCをコンデンサーの容量という。

この式は，次のコンデンサーの章(p.121)で再び見ることになるから，
それまで忘れないでいてね。

ま と め

① ガウスの法則の2大原則

対称的に（点状, 球状, 平面状に）分布しているとする。

電気量 Q〔C〕を囲む閉曲面 C について

原則1　C を貫く総本数 N〔本〕

$$N = 4\pi k \times Q = \frac{1}{\varepsilon_0} \times Q \text{〔本〕}$$

（k：クーロン定数,　ε_0：真空の誘電率）

原則2　C 表面での電場の大きさ E〔N/C〕

$$E = (1\,\text{m}^2\text{あたりを貫く電気力線の本数})$$

$$= \frac{\text{C を貫く総本数 } N \text{〔本〕}}{\text{C の表面積 } S \text{〔m}^2\text{〕}}$$

原則は2つ
だけだよ！

第10章 コンデンサーの解法

▲島を見つけ，お宝（電気）を調べよう

STORY 1 // コンデンサーとは何か？

1 コンデンサーとは器である

　コンデンサーとは，**図1**のように，２枚の広い金属板（極板という）を向かい合わせにしたものだ（普段は**図2**のように真横から見た図で表す）。その役割は，電気を蓄える一種の「器」と思ってくれればいいよ。

記号化

図1　　　　　　　　　　図2

どうやって，こんな金属板の間に電気を蓄えることができるんですか？　横からもれちゃうんじゃないですか？

それは，**図3**のように，電池という「ポンプ」をつなげて，下の極板の⊕の電気を上の極板に「汲み上げて」（本当は⊖の自由電子が上から下に動くのだけど，⊕の電気が下から上に動くと考えてもさしつかえないよ），上の極板にはプラス，下の極板にはマイナスの電気を帯電させるんだ。

図3　コンデンサーの電池による充電のしくみ

　図3では最終的に，上に$+Q$ [C]，下に$-Q$ [C]の電気が帯電したけど，この状態で，このコンデンサーには「Q [C]の電気が蓄えられた」というんだ。大切なことは，**コンデンサーには必ず$+Q$，$-Q$ のペアで電気が蓄えられる**ことだ。

ここで，最終的に蓄えられる電気量 Q [C]は，接続した電池の起電力 V [V]に比例するので，

$$Q \iff V$$
比例

　よって，比例定数を C として，電気量 Q は，

$$\boxed{Q = C \times V}$$

と書けるね。この比例定数 C [C/V]＝[F]（ファラド）のことを，コンデンサーの容量とよび，電気を蓄える能力の大きさを表す。

　C が大きいほど，同じ V でも多くの Q を蓄えられるんだ。

 でも，電池を外したら，せっかく蓄えられた電気はもとに戻ってしまうんじゃないんですか？

　いいや，たとえ電池を外したとしても，**図4**のように，残ったプラスとマイナスの電気どうしがガッチリ引きつけ合って帯電し続けることができるんだ。この引力が強いほど，そのコンデンサーはより多くの電気を蓄えることができるんだ。

図4

・POINT ❶・ コンデンサーとは

　2枚の向かい合わせた極板に電圧を加えて $+Q$，$-Q$ の電気をペアで帯電させ，それらの引力によって電気を蓄えておく**装置**。容量を C，加える電圧を V として，$\boxed{Q = C \times V}$ の関係が成り立つ。

2 コンデンサーの容量は何で決まるか？

コンデンサーとは電気を蓄える器だということはわかったかい。ところで，君が，お店でコップを買うときに気にするものは何かな？

どのくらい入るか，そう，容量です。たくさん飲みたいのに「おちょこ」みたいに小さい容量じゃ，役に立たないですもんね。

そうだね。同じように，器であるコンデンサーでも，まず一番最初に考えるのは，その容量 C だ。では，コップの容量は何で決まるかな？

形です。底面積と高さで決まります。

同じように，コンデンサーの場合でも，その形を表す極板の面積 S と間隔 d で，容量 C が決まるはずだね。

ここで，容量 C は極板の面積 S，間隔 d とどのような関係があるかを考えていこう。2択で答えてね。

まず，第1問。**図5** の A，B どちらのコンデンサーのほうが容量が大きいかな？

図5　どっちの容量が大きい？

もちろん，A です。極板の面積 S が大きいほうがより多くの電気が蓄えられるじゃないですか。

そうだね。駐車場と同じだ。広いほどたくさん蓄えられるね。

一般に，

> **ポイント 1** コンデンサーの容量 C は極板の面積 S に比例する。
> （広いほどよく蓄えられる）

ことがわかっている。

　では，次に，第2問。**図6**のA，Bのコンデンサーのうち，容量が大きいのはどちらかな？

図6　どっちの容量が大きい？

 当然，Aのほうが内部の空間が大きいからAです！

　ブブー！　やっぱり見かけにだまされたね。いいかい。コンデンサーはどのように電気を蓄えるんだっけ？

 $+Q$〔C〕，$-Q$〔C〕の引力でガッチリ引きつけ合って蓄える。あ！　そっか。2つの極板の間隔 d が小さいほど強く引きつけ合うから，たくさん電気を蓄えられる。じゃあBだ。

　気づいたね。見かけにだまされちゃダメだよ。一般に，

> **ポイント 2** コンデンサーの容量 C は極板の間隔 d に反比例する。
> （せまいほどよく蓄えられる）

ことがわかっている。

以上の **ポイント1**， **ポイント2** を総合すると，コンデンサーの容量 C と極板面積 S と極板間隔 d との間には，

$$C \quad \Longleftrightarrow \quad \frac{S}{d} \begin{matrix} \leftarrow \textbf{ポイント1} \text{より} \\ \leftarrow \textbf{ポイント2} \text{より} \end{matrix}$$

$$\underset{比例}{}$$

の関係があることがわかるね。

　よって，比例定数 ε（イプシロン）を使って，

$$C = \varepsilon \times \frac{S}{d}$$

と書ける。ここで ε は，後で見ていくように，極板間を満たす物質で決まる比例定数で，誘電率という。中がカラッポ（真空）の場合は，真空の誘電率 ε_0 を使うんだよ。この場合の容量の式 $C = \varepsilon_0 \times \dfrac{S}{d}$ は，じつは，**9** で見たように《ガウスの法則の2大原則》(p.109) を使ってすでに求めていたよ(p.114)。もう一度，p.113からの チェック問題3 をチェックしてごらん。

・POINT 2・ コンデンサーの容量 C

:: 容量 C とは，コンデンサーの電気を蓄える能力を表す量である。

:: C は形のみで決まり

$$C = \frac{\varepsilon S}{d}$$ と表せる。

$S\,[\mathrm{m^2}]$

$d\,[\mathrm{m}]$

ε は極板間の物質で決まる定数（誘電率）

コンデンサーの４大公式

1 ４大公式の意味と導き方

コンデンサーの問題で必ず問われるのは，次の４つの公式について
なのだ。

公式① 容量 C 〔F〕

これは，**STORY①** **2** (p.119)でも見てきたように，コンデンサーの
電気を蓄える器としての能力で，

$$C = \frac{\varepsilon S}{d}$$

と，ε が一定のとき，極板の面積 S と間隔 d という形だけで決まる量
だ。「人は外見だけでは決まらない」と言うけれど，「コンデンサーの
容量は外見だけで完全に決まってしまう」んだね。

公式② 電気量 Q 〔C〕

コンデンサーの上側に $+Q$，下側
に $-Q$ のペアで電気が蓄えられた
としよう。すると，**図7**のように，上
側が高く，下側が低い電位となる。
この高さの差，つまり電位差（電圧）
V と，蓄えられた電気量 Q の間には，
p.118で見たように

$$Q = C \times V$$

の比例関係がある。この比例定数 C

| $+Q$ | | 高電位 |

＋　＋　＋　＋　＋

高いところから
低いところへ
ピューンポコンと
落ちる向き　　V

－　－　－　－　－

| $-Q$ | | 低電位 |

図7

が，**公式①** の容量 $C = \dfrac{\varepsilon S}{d}$ だね。容量 C が大きく電位差 V が大きい
ほど，電気量 Q も大きくなるんだね。

電場 E 〔N/C〕

　図8のように，上に $+Q$，下に
$-Q$ のペアで電気が蓄えられたコン
デンサーでは，図7で見てきたよう
に，上が高く，下が低い電位差 V が
生じているね。では，このコンデン
サーの極板間には，上，下，どちら
向きに電場が走っている？

　電場の定義(p.60)に戻って答えて
みて。

図8

　　ハイ！　図8のように $+1$ C の点電荷を置くとキタキタ
　　……上の $+Q$ から反発力，下の $-Q$ からは引力を受けて，両方
　　から下向きの力を受けるから，下向きの電場 E となります。

　いいぞ！　では，その電場の大きさ E はどうやって決めるかい？
電位の定義(p.66)に戻って，電位差 V をもっとはどういうことか思
い出しながら，答えてみて。

　　えーと，図9のように，$+1$ C の点電荷を電場 $\vec{E}$ に逆らっ
　　て上向きに外力 E 〔N〕を加えつつ，上へ d 〔m〕だけ運ぶの
　　に要する仕事が V となります。

　そうだ！　すると，仕事は，
力×距離だから，

$$\underset{\text{仕事}}{V} = \underset{\text{力}}{E} \times \underset{\text{距離}}{d}$$

と書けるね。そして，この式より，

$$\boxed{E = \frac{V}{d}}$$

が得られるね。

図9

公式 4 静電エネルギー U〔J〕

　コンデンサーは電気を蓄える器であると同時に，エネルギーを蓄える器でもあるよ。

> エネルギーを蓄えるとはどういうことですか？

　そうだね。一言で言えば，「コンデンサーを充電するときに投入した仕事が蓄えられたもの」だね。

　もう少し具体的に見ると，**図10**の「3コマ マンガ」のようになるね。

図10　静電エネルギーを蓄えるしくみ

　まず，㋐のように，全く電気が蓄えられていないコンデンサーを用意する。

　そして，下の極板から＋1C ずつ「ボコッ」と引き抜いて，上の極板へ運び，「ペタッ」とくっつける。すると，上には＋1C，下には－1C が蓄えられたことになるね。こうして，＋1C ずつ「チリも積もれば山となる」ように，運んでいくと，

　やがて，中間地点の㋑を経て，

　ついに，㋒のように，上に＋Q〔C〕，下に－Q〔C〕，それらの電位差 V〔V〕の状態にまで持っていくことができる。

　以上の㋐〜㋑〜㋒で投入した仕事の総和が，（蓄えられた静電気による位置エネルギー）＝（静電エネルギー U）ということになるね。

この仕事 U はどうやって計算するんですか？

うん，まず**図10**の⑦の図で最初の＋1C の点電荷を持ち上げるのに要する仕事はいくらかな？　電位の定義(p. 66)に戻って考えてみて。

⑦では，まだ電位差 0V だから，必要な仕事は 0J です。

そうだ。同じく⑨の図で，最後の＋1C の点電荷を持ち上げるのに要する仕事はいくらかな？

⑨では，もうほとんど電位差は V [V]になっているから，必要な仕事はほぼ V [J]です。

じゃあ，⑦から⑨まで平均すると，＋1C あたりを持ち上げるのに投入した仕事はいくらになるかな？

⑦と⑨の平均，つまり，中間地点の①を考えて，$\frac{1}{2} V$ [J]となります。

そうだ。そして，全部で Q [C]だけ電気を持ち上げたから，全部で投入した仕事の和 U [J]は，その Q 倍となるね。だから，

$$U = \underbrace{\frac{1}{2}V}_{} \times Q$$

平均して＋1C あたりを
持ち上げるのに投入し
た仕事

となる。この式に，公式❷より，$Q = CV$，$V = \frac{Q}{C}$ を代入すると，

$$\boxed{U = \frac{1}{2}CV^2 = \frac{1}{2}\frac{Q^2}{C}}$$

となる。

以上をまとめてみよう。

・POINT ❸ コンデンサーの４大公式

❶容量

$$C = \frac{\varepsilon S}{d}$$

（εが一定のとき，形のみで決まる）

$+Q = +CV$

❷電気量

$-Q = -CV$

❸電場

$$E = \frac{V}{d}$$

$$\left(\begin{array}{c} 電位の定義 \\ V = E \times d より \end{array} \right)$$

❹静電エネルギー

$$U = \frac{1}{2}CV^2 = \frac{1}{2}\frac{Q^2}{C}$$

2 ４大公式を求める戦略

《４大公式》の中で１つだけ仲間はずれがいる。それは何かな？

うーん，何だろう。

　それはズバリ，**公式❶** の容量の公式だ。この式だけは，蓄えられた電気量 Q や，電位差 V によらず，ε が一定のとき，完全にコンデンサーの形のみで決まってしまうからだ。

　すると，問題文に書いてある，極板の面積と間隔だけで，何よりも先にまず容量 C は決めてしまうことができますね。

　そうだ。そして，次に，残り３つの公式は，ある１つの文字さえわかってしまえば決まってしまうけど，それは何かな？　ヒントは，残り３つの公式に共通に含まれる文字だ。

え～と，共通に含まれる文字……　あ！　電位差 V です！

よーく気づいたね。　　$Q = CV$, $E = \dfrac{V}{d}$, $U = \dfrac{1}{2}CV^2$

のように，Q も E も U もすべて共通の文字 V を含んでいるね。すると，コンデンサーの4大公式は何さえわかれば求まることになるかい？

 V さえわかれば求まります。

　その通り！　だから，コンデンサーでは，V さえわかれば，すべての問題が解けてしまうことになるのだ。「V さえわかれば V サイン」なんてね（笑）。

・POINT　④　**4大公式の求め方の戦略**

(1)　まず，何よりも先に，問題文から極板の面積 S，間隔 d，誘電率 ε を読みとり，

　　　容量 $C = \dfrac{\varepsilon S}{d}$

　を求める。

(2)　あとは，V さえわかれば，残り3つの公式は，

$$Q = CV, \quad E = \dfrac{V}{d}, \quad U = \dfrac{1}{2}CV^2$$

　と求まってしまう。

これまでの話で，コンデンサーの問題を解くには，「電位差 V さえ求まれば勝ち！」ということを見てきたね。

 でも，その肝心の V を求めるには，どうしたらいいんですか。

待ってました，その質問！　そう，そこで，今度は電位差 V の求め方を伝授しよう。

例として，**図11**のように，起電力 V の電池と，容量 C_1，C_2 のコンデンサーからなる回路を考えよう。はじめ，すべてのコンデンサーの電気量は 0 であるとするね。

スイッチを入れると，電池（ポンプ）によって，**図11**のように電気が運ばれて，正と負のペアの電気が蓄えられるようになるね。

このとき，**図12**のように，C_1, C_2 の電位差を V_1，V_2 と勝手に仮定しよう。

次に，**図12**のように，高いと仮定した極板には，$+Q = +CV$，低いと仮定した極板には，$-Q = -CV$ の正と負のペアの電気量を書こう。

あとは，ここで仮定した 2 つの未知数 V_1，V_2 を求めるために，次の①②2 つの式を立てる。

図11

図12

① 閉回路１周の電圧（電位）降下の和＝０の式

じつはこの式は，**❷** の p.25 で見たものと全く同じ式だ。

図13 のように，点線に沿って，１周指でなぞっていこう。この指が，「電位が下がった」と感じたら＋の符号を，「電位が上がった」と感じたら－の符号をつけて，電圧（電位）降下の和をとっていこう。すると，

図13

$$\circlearrowleft ; \ \ +V_1 \ \ +V_2 \ \ -V \ = \ 0 \ \ \cdots\cdots①$$

$\underbrace{}_{\substack{C_1\text{で}\\V_1\text{下降}}} \underbrace{}_{\substack{C_2\text{で}\\V_2\text{下降}}} \underbrace{}_{\substack{\text{電池で}\\V\text{上昇}}} \underbrace{}_{\substack{\text{もとの高}\\\text{さに戻る}}}$

という式が得られるね。

$\circlearrowleft$ は閉回路１周を表す記号だよ。

② 孤立部分の全電気量保存の式

図14 で，点線で囲まれた部分は周囲から孤立して浮いている。このように，まわりから孤立していて，電気が出入りできない部分（本書では「島」とよぶ）の全電気量は必ず保存するよ。

図14 の「島」の全電気量は，

$$-C_1V_1 + C_2V_2 \ [\mathrm{C}]$$

となっているね。

図14

一方，**図15**のように，スイッチを入れる前のこの「島」の全電気量は，

$$0 + 0 = 0\,\mathrm{C}$$

だった。よって，この「島」の全電気量保存の式は，

$$\boxed{}\,; \underbrace{-C_1 V_1 + C_2 V_2}_{\substack{\text{今の}\\\text{全電気量}}} = \underbrace{0}_{\substack{\text{はじめの}\\\text{全電気量}}} \quad \cdots\cdots ②$$

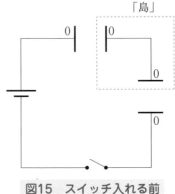

図15　スイッチ入れる前

となる。

$\boxed{}$ は「島」を表す記号だよ。

以上①②式を連立すると，

$$\begin{cases} +\,V_1 + V_2 - V = 0 \\ -\,C_1 V_1 + C_2 V_2 = 0 \end{cases}$$

で，これらを解くと，

$$V_1 = \frac{C_2}{C_1 + C_2} V$$

$$V_2 = \frac{C_1}{C_1 + C_2} V$$

Vゲット！

と求まって，V さえわかれば，あとは，**・POINT ❹・**《4大公式の求め方の戦略》(p.127)を使って，すべての問いに答えることができるんだ。

以上をまとめると，次のように，コンデンサーのワンパターン解法が得られるね。

• POINT ⑤ • コンデンサーの解法

STEP 1 形と誘電率 ε から容量 $C = \dfrac{\varepsilon S}{d}$ を求める。

STEP 2 電気の流れをイメージし，電位差 V を仮定する。高電位の極板には $+CV$，低電位の極板には $-CV$ の電気量を書く。

STEP 3 (1) 閉回路をみつけて，そこに閉回路1周の電圧降下の和 = 0 の式を立てる。
(2) 孤立部分（島）を見つけて，そこに全電気量保存の式を立てる。

STEP 4 (1)と(2)の連立方程式を解き，電位差 V を求めたら，公式

電気量 $Q = CV$

電 場 $E = \dfrac{V}{d}$

静電エネルギー $U = \dfrac{1}{2}CV^2$

で答が出る。

なぜワンパターンとなってしまうのか，その理由をよく考えてね。

チェック問題 1 コンデンサーの4大公式 　　　　易 **7**分

極板面積 S，間隔 $2d$ のコンデンサーを起電力 V の電池につないで，スイッチを入れた。真空の誘電率を ε_0 とする。

(1) このコンデンサーの容量 C，電気量 Q，電場 E，静電エネルギー U を求めよ。

(2) 次にスイッチを切って，極板間隔を d にした。このときの電位差 V'，電場 E' を求めよ。

解説 《コンデンサーの解法》(p.131)に忠実に解いていこう。

(1) **STEP1** まず容量は与えられた形と誘電率より，

$$C = \frac{\varepsilon_0 S}{2d} \cdots \text{①} \quad \cdots\cdots \text{答}$$

STEP2 図 a のように，電池によって，上には正，下には負の電気が蓄えられる。よって，上が高電位で，下が低電位。その電位差を V_1 と仮定する。上には $+CV_1$，下には $-CV_1$ の正と負のペアの電気となる。

STEP3 閉回路1周について，

$\circlearrowleft : +V_1 - V = 0$

よって，$V_1 = V$　　V ゲット！

STEP4 よって，4大公式より，

$$\boxed{Q = CV_1} = \frac{\varepsilon_0 SV}{2d} \cdots\cdots \text{答}$$

$$\boxed{E = \frac{V_1}{2d}} = \frac{V}{2d} \cdots\cdots \text{答}$$

$$\boxed{U = \frac{1}{2}CV_1^2} = \frac{\varepsilon_0 SV^2}{4d} \cdots\cdots \text{答}$$

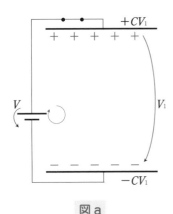

図 a

(2) **STEP1** 図 b のように，スイッチを切った後，間隔を d にすると容量 C' は，

$$C' = \frac{\varepsilon_0 S}{d} \cdots\cdots ②$$

となる。

図 b

STEP2 図 b のように，上には ＋ の電気がとり残されるので，下の －の電気も動けない。よって，上が高電位で，下が低電位。その電位差を V' と仮定する。

上には $+C'V'$，下には $-C'V'$ の電気がある。

STEP3 今回はスイッチを切ったので，閉回路は存在しない。その代わりに，上の極板が孤立して「島」となっている。その「島」の電気量保存の式より，

$$\therefore\ V' = \frac{C}{C'} V$$

$$\underset{\substack{①② \\ \text{より}}}{=} \frac{\dfrac{\varepsilon_0 S}{2d}}{\dfrac{\varepsilon_0 S}{d}} V$$

V ゲット！

$$= \frac{1}{2} V \cdots\cdots 答$$

STEP4 よって，4大公式より，

$$\boxed{E' = \frac{V'}{d}}$$

$$= \frac{V}{2d} \cdots\cdots 答$$

チェック問題 2 3枚の極板 標準 **10**分

面積 S の3枚の金属板A，B，Cを等間隔 d で並べ，図のように起電力 V の電池と結ぶ。ただし，はじめ，すべての電荷は0とし，真空の誘電率を ε_0 とする。

(1) まず，スイッチを入れた。このときのBの極板の全電気量を求めよ。

(2) 次にスイッチを切って，Bを下に x だけ下げた。このときのBC間の電場 E と，全体の静電エネルギー U を求めよ。

解説 《コンデンサーの解法》(p.131)で解く。

 うーん，3枚の金属板A，B，Cをどうやって扱えばいいんですか？

(1) **STEP1** この問題のように，中に金属板を挿入したタイプの問題では，中に入っているBの極板を図aのように上下に分離させることがコツ。すると，AB間，BC間をそれぞれ

$$C = \frac{\varepsilon_0 S}{d} \quad \cdots\cdots ①$$

のコンデンサーとみなせるね。

STEP2 図aのように電池によってBには正，AとCには負の電気が蓄えられる。

よって，B側が高電位，AとC側が低電位となる。電位差 V_1，V_2 を仮定する。Bには $+CV_1$，$+CV_2$，Aには $-CV_1$，Cには $-CV_2$ の電気がある。

図a

図b

STEP 3 閉回路1周について，

(ア)：$+V_2 - V = 0$

(イ)：$+V_2 - V_1 = 0$

∴ $V_1 = V_2 = V$ ……② *Vゲット！*

STEP 4 よって，Bの全電気量は，

$$+CV_1 + CV_2 \underset{\text{①②より}}{=} \frac{2\varepsilon_0 S}{d} V \cdots\cdots \text{答}$$

(2) 次にスイッチを切り，Bを下に x だけ下げた後について，

STEP 1 AB間，BC間の容量は，それぞれ

$$C_1 = \frac{\varepsilon_0 S}{d+x} \cdots\cdots ③$$

$$C_2 = \frac{\varepsilon_0 S}{d-x} \cdots\cdots ④$$

STEP 2 図bのように，Bには正の，AとCには負の電気が残るので，V_3，V_4を仮定し，電気量を書き込む。

STEP 3 閉回路は(ウ)のみにある。

(ウ)：$+V_4 - V_3 = 0$ ……⑤

また，図bの⬚の部分が孤立しているので，

⬚：$\underset{\text{図b}}{\underline{+C_1 V_3 + C_2 V_4}} = \underset{\text{図a}}{\underline{+CV_1 + CV_2}}$ ……⑥

②，⑤，⑥より，

$$V_3 = V_4 = \frac{2CV}{C_1 + C_2} \underset{\text{①③④より}}{=} \frac{d^2 - x^2}{d^2} V \cdots\cdots ⑦$$

Vゲット！

STEP 4 よって，4大公式より，

$$E = \frac{V_4}{d-x} \underset{\text{⑦より}}{=} \frac{d+x}{d^2} V \, (\text{下向き}) \cdots\cdots \text{答}$$

$$U = \frac{1}{2} C_1 V_3^{\,2} + \frac{1}{2} C_2 V_4^{\,2} \underset{\text{③④⑦より}}{=} \frac{\varepsilon_0 S(d^2 - x^2)}{d^3} V^2 \cdots\cdots \text{答}$$

もう一度，このタイプの問題のポイントをまとめておこう。

POINT ⑥ コンデンサーの中に挿入された金属板

C_1

C_2

2つのコンデンサーC_1，C_2の直列つなぎになる

コンデンサーについて，だんだんわかってきたかな？

チェック問題 3 コンデンサー回路 標準 12分

容量 C, $2C$, $3C$ のコンデンサーと, 起電力が V の電池で図の回路をつくった。次のときの容量 $2C$ のコンデンサーの上側の電気量を求めよ。はじめ, すべての電荷は 0 とする。

(1) スイッチを a 側に入れる。

(2) (1)の後, スイッチを b 側に入れる。

(3) (2)の後, スイッチを a 側に入れる。

解説 《コンデンサーの解法》(p.131) で攻めつづけよ!

(1) **STEP1** 電気容量はわかっている。

STEP2 図 a のように, 電池によって C の左側は正, $2C$ の下側は負の電気が蓄えられる。よって, 図のように, 電位差 V_1, V_2 を仮定する。

STEP3 左半分の回路について,

⑦：$V_1 + V_2 - V = 0$

また, 図の ⑦ に注目して,

⑦： $-CV_1 + 2CV_2 = 0$

（図a　はじめ）

以上の2つの式より,

$V_1 = \dfrac{2}{3}V$, $V_2 = \dfrac{1}{3}V$ ……①

STEP4 よって, $2C$ の上側の電気量は,

$2CV_2 = \dfrac{2}{3}CV$ ……**答**

図 a

V ゲット!

図 b

(2) **STEP1** 電気容量はわかっている。

STEP2 図 b のように, $2C$ の上側と $3C$ の左側がつながって, $2C$ の上側にあった電気の一部が $3C$ の左側へ移った。

よって，**図b**のように電位差V_3，V_4を仮定する。Cの右側は孤立して $-CV_1$の電荷が残る。

STEP3 右半分の回路について，

㋑：$V_3 - V_4 = 0$

また，図の㋑に注目して，

㋑：$\underbrace{+2CV_3 + 3CV_4}_{\text{図b}} = \underbrace{+2CV_2 + 0}_{\text{図aの}2C\text{の上側}+3C\text{の左側}}$

以上の2つの式より，

$V_3 = V_4 = \underbrace{\frac{2}{5}V_2}_{\text{①より}} = \frac{2}{15}V \cdots\cdots ②$　　Vゲット！

STEP4 よって，$2CV_3 \underset{\text{②より}}{=} \frac{4}{15}CV \cdots\cdots$ 答

(3) STEP1 電気容量はわかっている。

STEP2 **図c**のように，$3C$の左側が孤立するので，$+3CV_4$の電荷が残る。

図のように電位差V_5，V_6を仮定する。

STEP3 左半分の回路について，

㋒：$+V_5 + V_6 - V = 0$

また，図の㋒に注目して，

㋒：$\underbrace{-CV_5 + 2CV_6}_{\text{図c}} = \underbrace{-CV_1 + 2CV_3}_{\text{図bの}C\text{の右側}+2C\text{の上側}}$

以上の2つの式より，

$V_6 = \frac{1}{3}(-V_1 + 2V_3 + V) \underset{\text{①②より}}{=} \frac{1}{5}V$　　Vゲット！

STEP4 よって，$2CV_6 = \frac{2}{5}CV \cdots\cdots$ 答

図c

① コンデンサーとは，向かい合う２枚の金属板に $+Q$, $-Q$ のペアで電気を蓄える「器」である。

② コンデンサーの４大公式

(1) 容量 $C = \dfrac{\varepsilon S}{d}$ ←コンデンサーの形のみで決まる

(2) 電気量 $Q = C\,V$

(3) 電場 $E = \dfrac{V}{d}$

(4) 静電エネルギー $U = \dfrac{1}{2}C\,V^2$

$$= \dfrac{1}{2}\dfrac{Q^2}{C}$$

V さえわかれば勝ち！

③ V の求め方の２大原則 ◀

(1) 閉回路１周

➡電圧降下の和＝０の式

(2) 孤立部分（島）

➡全電気量保存の式

第 11 章　コンデンサーの容量

▲器はデザインも大切だけど容量が命

STORY 1 /// コンデンサーの合成容量

1 こんなコンデンサーの容量はどうやって求める？

10 で，コンデンサーの問題を解くには，何よりも先に，その容量 C を求める必要があるということを見てきたよね。

では，**図1**のようなコンデンサーの容量を求めてみてね。

ヒェー，中途半端すぎて，どうやって手をつけたらいいか，わっかりませ〜ん。

たしかに，そうだよね。

誘電体

図1　容量を求めよ

そこで，本章では，このような誘電体が部分的に挿入されたコンデンサーの容量を求めることが目標だ。そのためには，

① 　コンデンサーの合成容量
② 　誘電体を挿入したコンデンサーの容量

という，２つの容量について理解することが必要なんだ。

2 　コンデンサーの合成容量には２タイプある

　コンデンサーの合成容量を求めるというのは，複数のコンデンサーを１つのコンデンサーと同等とみなしたときに，そのコンデンサーの容量を求めるということだ。合成のやり方には，並列合成と直列合成の２タイプがあるよ。

❶ 　並列合成容量

　図２で「よこ」につながった２つのコンデンサー C_1，C_2 を１つのコンデンサー $C_並$ と同等とみなす。このとき大切なのは，**極板の対応関係**だ。左側の図の A，B がそれぞれ右側の図の A，B の極板に対応しているね。

図２　並列合成容量

いま，AB 間の電位差を左右の図ともにすべて V として，各コンデンサーの電気量の式 $Q = CV$ を書き込む。ここで，A に蓄えられている全電気量どうしを比べて，

$$\overbrace{C_1V + C_2V}^{\substack{\text{図2の左側の図の} \\ \text{A の全電気量}}} = \overbrace{C_{並}V}^{\substack{\text{図2の右側の図の} \\ \text{A の電気量}}}$$

対応

$$\therefore \quad C_{並} = C_1 + C_2 \quad (\text{和})$$

となる。この式のもつイメージは？

> 並列につながると「面積が横に増えた」ということで，容量が大きくなるので，「和」となります。

いいよ。そのイメージがあると，ケアレスミスはしなくなるぞ！

❷ 直列合成容量

　図3で「たて」につながったコンデンサー C_1，C_2 を 1 つのコンデンサー $C_{直}$ と同等とみなす。このときの極板の対応関係は，左側の図の A，B がそれぞれ右側の図の A, B に対応している。

　今，A，B の電気量をそれぞれ $+Q$，$-Q$ として，各コンデンサーの電気量の式 $Q = CV$ から，電位差

$$V = \frac{Q}{C}$$

を書き込む。

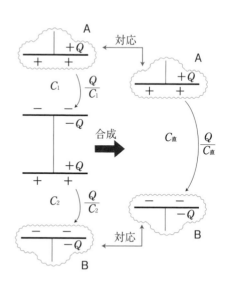

図3　直列合成容量

ここで，AとBの間の全電位差どうしを比べて，

図3の左側の
AB間の全電位差

図3の右側の
AB間の電位差

$$\frac{Q}{C_1} + \frac{Q}{C_2} = \frac{Q}{C_直}$$

対応

$$\therefore \quad C_直 = \cfrac{1}{\cfrac{1}{C_1} + \cfrac{1}{C_2}} \qquad （逆数和の逆数）$$

となる。この式のイメージは？

直列に足すと「極板間隔が広がる」ということで，容量としては減ってしまうから，「逆数和の逆数」をとります。

いいぞ！　そのイメージがあると，スムーズに公式が使えるからね。

・POINT・❶　コンデンサーの合成容量

① 並列合成容量

合成

C_1　　C_2　　　　　　$C_並$

面積が広くなり，
容量は増える
イメージ

$$C_並 = C_1 + C_2$$
（和）

② 直列合成容量

C_1

合成　　　　$C_直$

C_2

$$C_直 = \cfrac{1}{\cfrac{1}{C_1} + \cfrac{1}{C_2}}$$

（逆数和の逆数）

間隔が大きくなり，
容量は減るイメージ

(p.14)で見たように，誘電体とは，プラスチックやゴムなどの電気を通さない絶縁体のことだったね。

> こんなものをコンデンサーの中に入れて，何の役に立つんですか？

ズバリ，　<u>コンデンサーのパワーアップ</u>　つまり，容量が増大するのに役立つんだよ。今から，そのしくみについて見ていこうね。

まず，**図4**のように，中が真空のコンデンサーを用意するぞ。その極板面積をS，間隔をd，真空の誘電率をε_0とすると，その容量Cは，

$$C = \frac{\varepsilon_0 S}{d} \cdots\cdots ①$$

となるね。このコンデンサーの電位差をVとすると，

電気量　$Q = CV \cdots\cdots ②$

電場　$E = \dfrac{V}{d} \cdots\cdots ③$

となるね。

図4　中が真空のとき

次に，**図5**のように，この中に誘電体を挿入する。すると，**図5**のように，上の極板の＋の電気の近くには－の電気が，下の極板の－の電気の近くには＋の電気が引きよせられて現れるね。

図5　誘電体を挿入すると

さて，この新しく現れた＋と－の電気によって，コンデンサー内の電場 E は強められる？　それとも弱められる？

えーと，**図5**を見ると，もともとの電場は下向きに $\overset{\bullet}{E}$ だったなあ。そして，新しく現れる＋－によって……お！　上向きの電場がつくられる。これらは，お互い逆向きどうしで弱め合うぞ！　結局，合成すると**図6**みたいに弱い電場 $\overset{\bullet}{E'}$ になっちゃいます。

このように，中が真空のときの電場 E よりも，中が誘電体で満たされているときの電場 E' のほうが弱くなるんだ（たとえば，$E' = \dfrac{1}{2} \times E$ や $E' = \dfrac{1}{5} \times E$ や $E' = \dfrac{1}{100} \times E$ のように）。よって，1 より大きい定数 ε_r を使って，

図6　C, E, V が変化した

$$E' = \frac{1}{\varepsilon_r} \times E \quad \cdots\cdots ④$$

と書けるんだ。

この ε_r の値は誘電体の種類で決まる定数で比誘電率というよ。

さらに，**図6**のように，電場が $E \to E'$ へと弱められるのに応じて，極板間の電位差も $V \to V'$ へと小さくなる。ここで，電位の定義（p.66）に戻って V' を求めてみて。

えーと，＋1C の点電荷を電場 E' に逆らって，d 〔m〕持ち上げるのに要する仕事が V' だから，$V' = E' \times d$ です。

いいぞ。その $V' = E' \times d$ に④式を代入して，

$$V' = \frac{1}{\varepsilon_r} E \times d$$

ここに，③式より $E \times d = V$ を代入して，

$$V' = \frac{1}{\varepsilon_r} \times V \cdots\cdots ⑤$$

となって，V' も V より小さくなってしまっている。

　つまり，電位差も誘電分極によって現れた電荷＋と－によって打ち消されて，小さくなってしまっているのだ。

　よって，誘電体が挿入されたコンデンサーの容量を C' とすると，$Q = C' \times V'$ より，

$$C' = \frac{Q}{V'} \underset{⑤より}{=} \varepsilon_r \times \frac{Q}{V} \underset{②より}{=} \varepsilon_r \times C \underset{①より}{=} \boxed{\varepsilon_r \times \varepsilon_0 \frac{S}{d}}$$

　結局，C' は，中が真空のときのコンデンサーの容量 C の $\underset{\sim}{\varepsilon_r}$ 倍に増えていることがわかるね（たとえば，比誘電率 $\varepsilon_r = 100$ の誘電体を挿入するだけで，容量は100倍にパワーアップするのだ）。

　もう一度　今までの流れをまとめてみると，

　　誘電体を入れると　➡　電場 E は $\frac{1}{\varepsilon_r}$ 倍になる（ε_r の定義）。

　　　　　　　　　　　➡　電位差　$V = E \times d$ も $\frac{1}{\varepsilon_r}$ 倍になる。

　　　　　　　　　　　➡　容量　$C = \frac{Q}{V}$ は逆に ε_r 倍になる。

> **◆POINT ❷◆ 誘電体を挿入したコンデンサーの容量 C'**
>
> $$C' = \varepsilon_r 〔倍〕 \times C \quad (\varepsilon_r : 比誘電率)$$
>
> $$= \varepsilon_r \times \varepsilon_0 \frac{S}{d} \quad (\varepsilon_0 : 真空の誘電率)$$
>
> $$= \varepsilon \frac{S}{d} \quad (\varepsilon_r \times \varepsilon_0 = \varepsilon : 誘電率という)$$
>
> 1文字違い
> で大違い

図のコンデンサーの容量 C を求めよ。ただし，誘電体は極板内の右下 $\dfrac{1}{4}$ の体積を占めているものとする。

面積S

$\dfrac{d}{2}$

$\dfrac{d}{2}$

$\varepsilon_r = 3$

解説 このように，中途半端に誘電体が挿入されたコンデンサーの容量を求めるには，次の2つの手順で攻めよう。

手順1 コンデンサーを各部分に分解し，それぞれの容量を求めておく。

　図 a のように，コンデンサーを3つの部分 C_1，C_2，C_3 に分解する。それぞれの容量は，

$$C_1 = \frac{\varepsilon_0 \dfrac{S}{2}}{d} = \frac{\varepsilon_0 S}{2d}$$

$$C_2 = \frac{\varepsilon_0 \dfrac{S}{2}}{\dfrac{d}{2}} = \frac{\varepsilon_0 S}{d}$$

$$C_3 = \frac{3\varepsilon_0 \dfrac{S}{2}}{\dfrac{d}{2}} = \frac{3\varepsilon_0 S}{d}$$

となるね。

　ここまでは，いいかな？

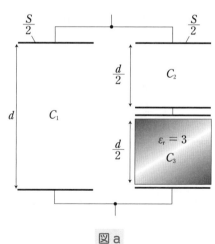

図 a

手順2 各コンデンサーを順に合成していき，全体の容量 C を求める。

まず，**図a**の C_2，C_3 のコンデンサーを直列と考え，その合成容量を C_4 とする。ここで，直列合成容量の公式（p.143）より逆数和の逆数をとって，

$$C_4 = \cfrac{1}{\cfrac{1}{C_2} + \cfrac{1}{C_3}}$$

$$= \cfrac{1}{\cfrac{d}{\varepsilon_0 S} + \cfrac{d}{3\varepsilon_0 S}}$$

$$= \frac{3\varepsilon_0 S}{4d}$$

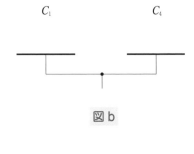

C_1 $\qquad\qquad$ C_4

図 b

次に，**図b**のように，この C_4 と C_1 のコンデンサーの合成容量 C（**図c**）を求める。

並列合成容量の公式（p.143）より和をとって，

$$C = C_1 + C_4$$

$$= \frac{\varepsilon_0 S}{2d} + \frac{3\varepsilon_0 S}{4d}$$

$$= \frac{5\varepsilon_0 S}{4d} \cdots\cdots \boxed{答}$$

C

図 c

ここで，誘電体が中途半端に挿入されたコンデンサーの容量の求め方をまとめておこう。

・POINT ❸・ 誘電体が挿入されたコンデンサーの容量の求め方

1 並列タイプ

例

① ε_0　誘電率 ε　d〔m〕　S_1〔m²〕 S_2〔m²〕

まず分解 ➡

② $C_左$　$C_右$ ➡

③ 次に並列（和をとる）

$$C = C_左 + C_右$$
$$= \frac{\varepsilon_0 S_1}{d} + \frac{\varepsilon S_2}{d}$$

2 直列タイプ

例

① d_1〔m〕 ε_0　d_2〔m〕 誘電率 ε　S〔m²〕

まず分解 ➡

② $C_上$　$C_下$ ➡

③ 次に直列（逆数和の逆数をとる）

$$C = \frac{1}{\dfrac{1}{C_上} + \dfrac{1}{C_下}}$$
$$= \frac{1}{\dfrac{d_1}{\varepsilon_0 S} + \dfrac{d_2}{\varepsilon S}}$$

チェック問題 **2** 誘電体が挿入されたコンデンサー　標準 **6**分

　図のように，同じ大きさの3枚の金属板 A，B，C を等間隔に平行に配置し，誘電体を AB 間に入れたコンデンサーがある。これに電池およびスイッチを接続した。はじめ，各コンデンサーに電荷はなかった。

　スイッチを入れ，AC 間に電圧 V を加えたら，C の電気量は $\dfrac{2}{3}CV$ になった。誘電体の比誘電率 ε_r はいくらか。ただし，このときの BC 間のコンデンサーの容量を C とする。

A B C
誘電体
V

> コンデンサーの中に誘電体が入っているだけで，イヤーな感じがするんです。

　大丈夫。いつも，まず何よりも先に，全体の合成容量を求めておくのが，おきまりのやり方だ。

手順1　図 a のように，面積 S と間隔 d を仮定し，AB 間，BC 間のコンデンサーの容量をそれぞれ C_{AB}，C_{BC} とすると，

$$C_{AB} = \frac{\varepsilon_r \varepsilon_0 S}{d}$$

$$C_{BC} = \underbrace{\frac{\varepsilon_0 S}{d}}_{\text{条件より}} = C$$

よって，$C_{AB} = \varepsilon_r C$ とおける。

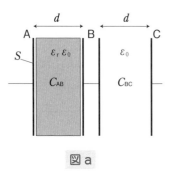

図 a

手順2　AC 間全体の容量 C_{AC} は C_{AB}，C_{BC} を直列合成したものなので，

$$C_{AC} = \frac{1}{\dfrac{1}{C_{AB}} + \dfrac{1}{C_{BC}}} = \frac{1}{\dfrac{1}{\varepsilon_r C} + \dfrac{1}{C}} = \frac{\varepsilon_r}{\varepsilon_r + 1} C \cdots\cdots ①$$

となる。これで，準備完了だ。

　図 b のように，このコンデンサーに電圧 V の電池をつなぐと，その電気量は，

$$C_{AC} V = \frac{\varepsilon_r}{\varepsilon_r + 1} CV$$

となるね。そして，これが，極板 C の電気量だ。これは，条件より $\dfrac{2}{3} CV$ と等しくなる必要があるから，

$$\frac{\varepsilon_r}{\varepsilon_r + 1} CV = \frac{2}{3} CV$$

$$3\varepsilon_r = 2\varepsilon_r + 2$$

$$\therefore\quad \varepsilon_r = 2 \cdots\cdots 答$$

図 b

第 **11** 章
ま と め

①　コンデンサーの合成容量

(1)　並列　$C_{並} = C_1 + C_2$　（和）

(2)　直列　$C_{直} = \dfrac{1}{\dfrac{1}{C_1} + \dfrac{1}{C_2}}$　（逆数和の逆数）

②　誘電体を挿入したコンデンサーの容量

$$C' = \varepsilon_r \times C$$
$$= \varepsilon_r \times \varepsilon_0 \frac{S}{d}$$
$$= \varepsilon \frac{S}{d}$$

$\begin{pmatrix} \varepsilon_r & : 比誘電率 \\ \varepsilon_0 & : 真空の誘電率 \\ \varepsilon & : 誘電率 \end{pmatrix}$　区別せよ

③　中途半端に誘電体が挿入されたコンデンサーの容量を求める手順

手順1　コンデンサーを各部分に分解し，それぞれの容量を求める。

手順2　各コンデンサーを順に合成していき，全体の容量を求める。

合成容量はまず分解，
そして合成だよ！

第12章

直流回路

▲川の流れのように電流をイメージしよう

（本章に入る前に，この章の基礎となる「第2・3章」に目を通しておいてください。）

STORY 1 物理での電流と抵抗

1 電流とは何か？

『物理基礎』（ 2 3 ）で，簡単な回路の解法を見てきたね。一方，『物理』では，これまで，電場や電位の考え方を導入したね。そこで，もう一回，電流や抵抗の各公式の意味を再確認し，より応用的な問題を解いていこう。

まずは，電流の定義を思い出そう。

> **POINT 1 電流の定義**
>
> 電流 I〔C/s〕＝〔A〕とは，次のようなベクトル量である。
> ① 向き：正の電気の流れる向き（電子〈負の電気〉の流れとは逆）
> ② 大きさ：1秒あたりに断面を通過する電気量

ここで大切なのは「1秒あたり」だ。たとえば，$I = 3\,\mathrm{A}$ というのは，断面を1秒あたり3Cの電気量が通過することを意味するよ。

2 抵抗の3大公式

抵抗についても，**2**・**3**の公式を3大公式として思い出そう。

·POINT **2**· 抵抗の3大公式

1 抵　抗　値　$R = \rho \times \dfrac{l}{S}$

2 オームの法則　$V = I \times R$

3 消　費　電　力　$P = I \times V = I^2 R = \dfrac{V^2}{R}$

断面積　　長さ l〔m〕
S〔m²〕　抵抗率 ρ〔Ω·m〕

ここで，この式のうち，**2**と**3**の意味を「物理」の視点から見ていこうね。

2　電位差　$V = IR$　（オームの法則）

　図1のように，電流の上流側が高電位で，下流側が低電位(川の流れと同じだね)となり，それらの電位差(電圧ともいうよ)Vは，流れる電流Iに比例する。その比例定数を抵抗値 R〔Ω〕という。

3　消費電力　$P = IV = I^2 R$

　図2のように，

(i)　$+1\,\mathrm{C}$ の点電荷が通過するたびに，その $+1\,\mathrm{C}$ の点電荷がもつ電気量による位置エネルギーは V〔J〕だけ失われ，それが熱として発生する(《電位の定義（その2）》(p.70)を見よ)。

(ii)　1秒あたりに I〔C〕の電気量が通過する(《電流の定義》(p.152)より)。

　　　以上の(i)(ii)を総合すると，1秒あたりに $I \times V = I^2 R$〔J〕の熱が

発生することがわかるね。この1秒あたりに発生する熱エネルギーを消費電力という。

図2 消費電力の導き方

3 直流回路の解法

直流回路の解法についても，❷でやった解法をもう一度まとめておこう。

◆POINT ❸◆ 直流回路の解法

STEP❶ 各抵抗を流れる電流 I を仮定
ただし，電流の合流点，分岐点では例のように仮定する。

例

I　i
↓　↓
$I+i$

i　I
↓　↓
$I-i$

STEP❷ オームの法則（$V = I \times R$）を書き込む。

STEP❸ 「閉回路1周の電圧降下の和 $= 0$」の式で流れる電流 I を求める。

チェック問題 1 ＞ 対称性のある回路　　標準 10分

抵抗値 R の抵抗を図のように 15 個つなぎ，起電力 V の電池を接続した。

(1) 電池を流れる電流を求めよ。

(2) aj 間の全抵抗を求めよ。

(3) 全消費電力を求めよ。

解説 (1)

ヒエー，15 個の抵抗！　どうやって，電流を仮定したらいいんですか？

大丈夫。対称性のある回路にはうまいやり方があるんだよ。

それは，回路を次の２つのルールで**図 a**のように単純化することだ。

ルール 1

対称な位置にある抵抗には同じ大きさの電流が流れる。

ルール 2

直列の抵抗は合成する（和）。

この**図 a**で十分に楽になったところで，《直流回路の解法》に入る。

STEP 1 図のように電流を仮定。

オームの法則を書き込む。

STEP 2 ㋐：$+IR +2IR - (i - I)4R = 0$

STEP 3 ㋑：$+i \cdot 2R + (i - I)4R - V = 0$

$$\therefore \quad i = \frac{7V}{26R} \cdots\cdots ①, \quad I = \frac{2V}{13R}$$

よって，電池を流れる電流は，

$$2i = \frac{7V}{13R} \cdots\cdots 答$$

図 a

(2)

全抵抗と言っても，まさか……合成抵抗の公式は……使えませんね。

　この図a以上に合成することはできないね。そこで，合成抵抗のもともとの定義に戻るんだ。定義を言ってごらん。

合成抵抗とは，全体を1つの抵抗とみなすことです。

　そうだ。そこで，aj間を1つの抵抗とみなすと，全抵抗 $R_全$ は，

$$R_全 = \frac{\text{aj 間の電位差}}{\text{a に流れ込む電流}} = \underbrace{\frac{V}{2\,i}}_{①より} = \frac{13}{7}R \cdots\cdots 答$$

(3)

15個のすべての抵抗の消費電力の和をとるのはメンドウだな……

　そこで，発想の転換だ。抵抗から発生しているジュール熱は，結局，何が供給してくれていたんだっけ。

電池……あ！　そうか，電池が1秒あたりにする仕事を調べればいいんだ！

　よって，各抵抗の消費電力の和 J は，

$$
\boxed{
\begin{aligned}
J &= （電池の供給電力）\\
&= （電池に流れ込む電流）×（電池の起電力）
\end{aligned}
}
$$

$$
\begin{aligned}
&= 2i \cdot V\\
&= \underbrace{\frac{7V^2}{13R}}_{①より} \cdots\cdots 答
\end{aligned}
$$

抵抗器 R_1, R_2, 電位差 V [V] の電池 D, 断面積が同じで長さが d [m] の導体棒 L_1, 長さが $2d$ [m] の導体棒 L_2, 検流計 Ⓖ, スイッチ S で図のような回路をつくる。抵抗器 R_1, R_2 の電気抵抗はそれぞれ R [Ω], $2R$ [Ω], 導体棒 L_1, L_2 の電気抵抗はそれぞれ $3R$ [Ω], R [Ω] である。

はじめ，スイッチ S は開いておく。導体棒 L_1 の上端を A, 導体棒 L_2 の下端を B，L_1 と L_2 の境界を C とする。

(1) 導体棒 L_1 を流れる電流 i はいくらか。

(2) 図の接続点 F と E の間の抵抗器 R_1 と R_2，導体棒 L_1 と L_2 全体の合成抵抗はいくらか。

(3) 導体棒 L_1 の抵抗率 ρ_1 は，導体棒 L_2 の抵抗率 ρ_2 の何倍か。

(4) 抵抗器 R_1 の消費電力 P はいくらか。

次に，スイッチ S を閉じる。検流計 Ⓖ の－端は接点 P で導体棒の表面と接触しながら移動できるようになっている。

(5) 検流計 Ⓖ を流れる電流が 0 になる接点 P の位置は，上端 A から測っていくらの距離 x にあるか。

解 説 (1) 《直流回路の解法》(p.154) で攻める。

STEP1 図 a のように，流れる電流を仮定する。

STEP2 各抵抗のオームの法則を書き込む。

STEP 3

$\overset{小}{\text{外}}$: $+IR + I \cdot 2R - V = 0$

$\overset{大}{\text{外}}$: $+i \cdot 3R + iR - V = 0$

$\therefore \quad I = \dfrac{V}{3R}$ ……① $\quad i = \dfrac{V}{4R}$ ……② ……**答**

(2) FE 間の合成抵抗 R_{FE}

$= \dfrac{(\text{FE 間の電位差 } V)}{(\text{F に流れ込む電流 } I + i)}$

$\underset{①②より}{=} \dfrac{12}{7}R$ ……**答**

図 a

別解 合成抵抗の公式（p.37）

を使って，

R_1 と R_2 の直列合成抵抗（和）は，

$R + 2R = 3R$

L_1 と L_2 の直列合成抵抗（和）は，

$3R + R = 4R$

これらの並列合成抵抗（逆数和の逆数）は，

$\dfrac{1}{\dfrac{1}{4R} + \dfrac{1}{3R}} = \dfrac{12}{7}R$ ……**答**

(3) L_1, L_2 の抵抗率を ρ_1, ρ_2, 断面積を S とすると，抵抗の3大公式（p.153）の**1**より，

L_1 について $\quad 3R = \rho_1 \times \dfrac{d}{S}$

L_2 について $\quad R = \rho_2 \times \dfrac{2d}{S} \quad \therefore \quad \dfrac{\rho_1}{\rho_2} = 6$

よって， ρ_1 は ρ_2 の 6 倍……**答**

(4) 公式**3**より， $P = I^2 R \underset{①より}{=} \dfrac{V^2}{9R}$ ……**答**

(5) まずは，AP 間，PB 間の抵抗を求めておこう。いま，接点 P は AC 間にあると仮定しよう。そして，$\overline{\text{AP}} = x$，$\overline{\text{PC}} = d - x$ とする。

抵抗は長さに比例するので，

AP 間の抵抗 r_1 は AC 間の抵抗 $3R$ を $\dfrac{\overline{\text{AP}}}{\text{AC}} = \dfrac{x}{d}$ 倍したもので，$r_1 = 3R\dfrac{x}{d}$ ……③

PB 間の抵抗 r_2 は AC 間の抵抗 $3R$ を $\dfrac{\overline{\text{PC}}}{\text{AC}} = \dfrac{d-x}{d}$ 倍したものと，CB 間の

抵抗 R を直列合成（和）したもので，$r_2 = \underbrace{3R\dfrac{d-x}{d}}_{\text{PC 間}} + \underbrace{R}_{\text{CB 間}}$ ……④

次に，《直流回路の解法》で，

STEP 1 図 b のように電流を仮定
STEP 2 各抵抗のオームの法則を書き込む
STEP 3 ㋐：$+IR - ir_1 = 0$
　　　∴　$IR = ir_1$
　　　㋑：$+I \cdot 2R - ir_2 = 0$
　　　∴　$I \cdot 2R = ir_2$
　　　辺々割って，
　　　$2 = \dfrac{r_2}{r_1} \underset{\text{③④より}}{=} \dfrac{d-x}{x} + \dfrac{d}{3x}$
　　　よって，$x = \dfrac{4}{9}d$ ……**答**

★

図 b

ここで，$x < d$ なので，接点 P が AC 間にあるという仮定は正しいことになるね。(5)のように，抵抗の中間どうしを導線でつないで，そのつないだ導線に電流が流れなくなる条件から，未知の抵抗の抵抗値や長さを求める回路を**ホイートストンブリッジ回路**という。上の★の式変形は，「ホイートストンブリッジ回路ではお決まり」となっているんだ。

📁 いったい何を測っているのか？

電流計，電圧計について問われるとイヤなんです。だって，何やら複雑なしくみの装置なんでしょ。どうやって扱ったらいいのですか？

　全然難しくないよ。電流計も電圧計も，その中には抵抗(内部抵抗)が入っているだけなんだ。だから結局は，抵抗と全く同じように扱えばいいんだよ。ただし，電流計と電圧計が何を測っているか(何を指針から読みとれるのか)は，はっきりさせておく必要があるよ。その読みとれるもの(読み)とはズバリ，

> 電流計Ⓐでは，内部抵抗 r_A に流れる電流 I [A]を読んでいる。
> 電圧計Ⓥでは，内部抵抗 r_V に加わる電圧 V [V]を読んでいる。

である。ここで，内部抵抗というのは，装置の中に入っている抵抗のこと。電流計と電圧計の作図のポイントをまとめておくね。

◆POINT ④◆ 電流計と電圧計

電流計・電圧計の作図 ➡ 結局は抵抗と同じ

読み I, V を何よりも先に優先して書くこと！

　そうすれば，読み I, V が式の中に現れるので問題が解きやすくなる。

チェック問題 3 〉 抵抗の測定誤差　　　　標準 10分

　電流計（内部抵抗 r_A）と電圧計（内部抵抗 r_V）を抵抗 R に接続し，その抵抗の真の値 R を抵抗の測定値 $R' = \dfrac{V}{I}$ から求めるために，右の図(a)，(b)の２通りの接続を考えた。

(1)　(a)の場合，I を V，R，r_V で表し，これから R' および相対誤差 $\dfrac{|R'-R|}{R}$ を R，r_V で表せ。

(2)　(b)の場合，V を I，R，r_A で表し，これから R' および相対誤差 $\dfrac{|R'-R|}{R}$ を R，r_A で表せ。

解説　このタイプの問題は，電流計・電圧計問題の定番となっているよ。ポイントは，次の㋐，㋑の値を区別できることだ。

> ㋐　抵抗の真の値 R：実際の抵抗の値 R
> ㋑　抵抗の測定値 R'：電圧計の読み V と電流計の読み I とで，公式どおり $R' = \dfrac{V}{I}$ と求めた値

　㋐の R，㋑の R' には必ずズレ $|R'-R|$ がある。そのズレが，真の値 R の何%になるかを示すのが相対誤差 $\dfrac{|R'-R|}{R}$ であり，測定の正確さの目安となるんだ。

(1) (a)の場合，**図a**のように，何よりも先に⒜に読み I を，⒱に読み V を与えよう。

　ここで，⒜の電流 I のうち，⒱には $\dfrac{V}{r_V}$ が，R には残りの $I - \dfrac{V}{r_V}$ が流れる。

$$\circlearrowleft : +V - \left(I - \dfrac{V}{r_V}\right)R = 0$$

$$\therefore\ I = \dfrac{V}{R} + \dfrac{V}{r_V} \cdots\cdots ① \ \cdots\cdots 答$$

図a

よって，抵抗の測定値 R' は，

$$R' = \dfrac{V}{I} \underset{①より}{=} \dfrac{R\,r_V}{R + r_V} \cdots\cdots ② \ \cdots\cdots 答$$

よって，抵抗の相対誤差は，

$$\dfrac{|R' - R|}{R} \underset{②より}{=} \dfrac{R}{R + r_V} \cdots\cdots 答 \quad （R → 小で r_V → 大ほど，誤差 → 小）$$

　誤差の原因は，①式のように，⒜が⒱に流れる電流 $\dfrac{V}{r_V}$ まで含めて測っていることにあるよ。

(2) (b)の場合も，**図b**のように，読みを優先させて作図しよう。

$$\circlearrowright : +V - IR - Ir_A = 0$$

$$\therefore\ V = IR + Ir_A \cdots\cdots ③ \ \cdots\cdots 答$$

よって，抵抗の測定値 R' は，

$$R' = \dfrac{V}{I} \underset{③より}{=} R + r_A \cdots\cdots ④ \ \cdots\cdots 答$$

よって，抵抗の相対誤差は，

$$\dfrac{|R' - R|}{R} \underset{④より}{=} \dfrac{r_A}{R} \cdots\cdots 答 \quad （R → 大で r_A → 小ほど，誤差 → 小）$$

　誤差の原因は，③式のように，⒱が⒜にかかる電圧 Ir_A まで含めて測っていることにあるよ。

内部抵抗 1 Ω，最大測定電流 10 mA の電流計がある。

(1) この電流計を最大 1 A まで測定できる電流計として使う
ためには [1] Ω の抵抗を [2] につなげばよい。

(2) この電流計を最大測定電圧 10 V の電圧計として用いる
ためには [3] Ω の抵抗を [4] につなげばよい。

解説 (1)

10 mA までしか測れないのに，どうやったら
1 A まで測れるようになるんですか？　無理
ですよ。

それには，バイパスを使う，つまり「う回」させて余分な電流を回す
んだ。次の①②③の3つの順を1つひとつ追ってみよう。

〈電流計のパワーアップ法〉

①全体で 1A まで流したい。

②しかし，ここには0.01Aまでしか流せない。

③そこで，抵抗 r を並列につけて
余分な電流0.99Aを回す。

↺：$0.01 \times 1 - 0.99r = 0$ $\therefore$ $r \fallingdotseq 0.01\,Ω$ [1] 0.01   [2] 並列……**答**

(2)

電流計だったものを電圧計にするなんて，ムチャじゃ
ないですか。

いいや，電流計も電圧計も，中味は全く同じなんだ。ただ，指針の意
味を読みかえるだけで，電圧計に変身できるんだ。

次の①②③④の順を1つひとつ追ってみよう。

〈電圧計のパワーアップ法〉

①全体として 10 V まで測りたい。

③つまり，ここには0.01×1＝0.01Vまでしか
電圧を加えられない。

②しかし，ここには0.01Aまでしか流せない。

④よって，ここに抵抗を直列につけて余分な電圧9.99Vをかける。その抵抗
値は，図より $\dfrac{9.99}{0.01} = 999\,Ω$

[3] 999   [4] 直列……**答**

電流の正体とは？

いきなり，3択の問題だ。**図3**の導線には右向きに電流 I 〔A〕が流れているよ。このとき，**図3**の3つの電子⑦，⑦，⑦の中で，今から1秒以内に断面 S を通過できる電子が1つだけあるとすると，それはどれかな？

図3　S を通るのはどれ？

 えーと，断面 S に一番近いから，⑦ですか？

ブブー！　引っかかったな。電流の向きと電子の流れる向きとは……

 ア！　逆だった！　電子は左向きに走るんだ。じゃあ，⑦はますます断面 S から遠ざかる。すると，S の右側で一番近い⑦です。

そうだ。電子の速さを v とすると，**図4**のように，断面 S から右に v〔m〕以内に入っている電子⊖なら，1秒以内に S を通れるよ。

ここで，この導線の金属中 $1\,\mathrm{m}^3$ 中に含まれる自由電子の数（自由電子密度）を n〔個/m^3〕，断面積を S〔m^2〕とすると，1秒以内に断面 S を通過できる電子⊖の数は，**図4**の高さ v，底面積 S の円柱の中の

$$(\underbrace{vS}_{体積} \times \underbrace{n}_{密度})個$$

となるね。

図4　1秒以内に S を通る電子

そうすると，この vSn が電流 I と等しいのですか？

　いいや，ちょっと違うよ。vSn は，あくまでも1秒あたりに断面を通過する電子●の数だ。一方，電流 I は1秒あたりに断面を通過する電気量だよ。

すると，この vSn に電子1個の電気量の大きさ e をかけた，$vSn \times e$ が電流になるんですね。

　まさにその通りだ。まとめてみると，

・POINT ⑤・ 電流と電子の速さの関係

　　電流 I の大きさとは1秒あたりに断面 S を通過する電気量であり，

$$I = \underset{\substack{\text{1秒あたりに通} \\ \text{過する電子の数}}}{vSn} \times \underset{\substack{\text{電子1個の} \\ \text{電気量の大きさ}}}{e}$$

　この式を $I = vSne$ とビミョーなゴロ合わせで頭に入れる
　　　　　アイ　アム　ブスネー

やり方もあるけど，それは，あくまでも，以上のようにして導けることが前提でのおまけのつもりでいてね。

　さて，ここまでの話に関する有名な証明問題にチャレンジしよう。

　この問題はオームの法則 $V = I \times R$ と，抵抗率の式 $R = \rho \times \dfrac{l}{S}$ を，電子1個1個を考えることで証明してしまうという超頻出問題で，そのまま試験に出るオイシイ問題なので，自力で解けるようにしておこう。

次の文の | (1) | ～ | (10) | をうめよ。

断面積 S, 長さ l の一様な導体の両端に電圧 V を加えると, 導体内には強さ | (1) | の一様な電場が生じる。この導体内を移動する電荷 $-e$, 質量 m の自由電子は電場から電場の向きと逆向きに大きさ | (2) | の力を受けて加速される。電場以外から力を受けなければ電子は加速度 | (3) | の等加速度運動をする。しかし実際には, 電子は熱振動する陽イオンとの衝突等のため, 平均として電子の速さ v に比例する抵抗力 kv(k は比例定数)を受け, その結果 v が一定の等速度運動をするようになると考えられる。電場による力と抵抗力がつり合う速さは | (4) | である。いま, 導体中に単位体積あたり n 個の自由電子があるとすると, 導体の断面を毎秒通過する電子の数は | (5) | 個で, この導体を流れる電流は | (6) | と表される。また, この電流を S, n, e, k, l, V を用いて表せば | (7) | となり, 電圧 V に比例することになって, オームの法則が成り立つ。一般に, 一様な物質でつくられ, 一様な断面積をもつ導体の抵抗は導体の長さに | (8) | し, その断面積に | (9) | する。このときの比例定数をその導体の抵抗率という。導体の抵抗率 ρ を k, e, n を用いて表すと $\rho =$ | (10) | となる。

この問題は, 覚えるくらいやろう！

図 a

解説 (1) 電圧 V と電場 E の関係ときたら，いつでも《電位の定義（その1）》（p.66）に戻って考えよう。

電位 V の定義を**図 a**を見ながら言ってみて。

> ハイ，$+1\,C$ の電気を，電場 E に逆らって，外力 $E\,[N]$ を左向きに加えながら $l\,[m]$ 運ぶのに要する仕事が，$V\,[J]$ ということです。

いいぞ！　すると，仕事は「力×距離」だから，

$$\underset{\text{仕事}}{V} = \underset{\text{力}}{E} \times \underset{\text{距離}}{l}$$

$$\therefore\ E = \frac{V}{l} \cdots\cdots ① \quad\cdots\cdots 答$$

(2) (1)で求めた電場 E 中に，$-e\,[C]$ の電気を置いたときに受ける電気力は，どの向きにいくらの大きさ？

> えーと，正の電気の $+1\,C$ あたりが受ける力が電場 E だから，負の電気の $-e\,[C]$ では，電場 E と逆向きに大きさ eE の力を受けます。**図 b**です。

good！　定義にしっかり戻って考えてるね。

すると，

$$\underset{①より}{eE} = e\frac{V}{l} \cdots\cdots 答$$

電場 E

$+1\,C$ あたり

電気力 E を受ける

ならば

電場 E

$-e\,[C]$ では

電気力 eE を受ける

図 b

(3) 図 c のように，もし仮に，電子には電気力のみしか
はたらかないとすると，運動方程式より，加速度 a は，

$$ma = e\frac{V}{l} \quad \therefore \quad a = \frac{eV}{ml} \cdots\cdots\text{答}$$

となる。これは大変なことになってしまうけどわか
るかい？

図 c

加速度が正で一定ということは，いつま
でも速度が増しつづけるぞ！　ヒェー，
電流 I はだんだん増して無限大になって
しまうよ！　ありえない！

だから，電気力を妨げる抵抗力が必ずはたらく必要がある。

(4) ここでの抵抗力とは，図 d のよ
うに，電子⊖が金属の陽イオン⊕
との衝突をくり返して受ける力の
ことだ。当然速くなるほど，「1
秒あたりに受ける力積」（つまり，
力）も大きくなるので，その力は，
比例定数を k として（k が大きい金
属ほど衝突頻度が大きい）kv と書
ける。

　この抵抗力が電気力とつり合っ
て，一定速度（つまり一定電流）を
キープしているんだ。

　図 e より，力のつり合いの式は，
$$eE = kv$$
①より，

$$e\frac{V}{l} = kv$$

$$\therefore \quad v = \frac{eV}{kl} \cdots\cdots ② \quad \cdots\cdots\text{答}$$

図 d

図 e

(5) STORY3 (p.164)と同様に考えて，断面 S を 1 秒間に通過できる電子の数は，

$$\underbrace{vS}_{\substack{\text{1 秒間に通過できる} \\ \text{電子が存在する体積}}} \times \underbrace{n}_{\text{密度}} \text{個……}答$$

(6) STORY3 (p.164)と同様に考えて，電流 I は，

$$I = \underbrace{vSn}_{\text{(5)より}} \times \underbrace{e}_{\substack{\text{電子 1 個の} \\ \text{電気量の大きさ}}} \text{……③} \quad \text{……}答$$

(7) さて，③式の中の v はすでに(4)の②式で計算してあったね。そこで，③に②を代入して，

$$I = \frac{eV}{kl} \times Sne = \frac{e^2nS}{kl} \times V\text{……④} \quad \text{……}答$$

(8), (9), (10)

　④より，

$$V = \frac{kl}{e^2nS} \times I$$

となって，V は I に比例するけど，この比例定数って何？

> V が I に比例……あ！　オームの法則 $V = R \times I$ の抵抗値 R です！

　よく気づいたね。そこで，

$$R = \frac{k}{e^2n} \times \frac{l}{S} \text{……⑤}$$

とおくと，

$$\boxed{V = R \times I}$$

となって，オームの法則が証明できたことになるね。

　次に，⑤式をもう 1 回見てね。すると，抵抗値 R は，抵抗の形を表す量のうち，何に比例し，何に反比例しているかな？

> ハイ！　長さ l に比例し，断面積 S に反比例しています。

⑤式で，その比例定数（抵抗率）ρ を $\rho = \dfrac{k}{e^2 n}$ とおくと，

$$R = \rho \times \frac{l}{S}$$

という抵抗率の式が証明できたことになるね。

　要は，抵抗値を決める要素のうち，抵抗の形以外の抵抗の材質のみで決まる部分のことを抵抗率というんだ。

　以上により，

(8)　比例……答

(9)　反比例……答

(10)　$\dfrac{k}{e^2 n}$……答

スゴイ！　なんと，電子1個1個の運動を考えるだけで，今までの公式が説明できちゃうんですね。

　そう。これが，大学で勉強するところの「物性物理学」なんだ。ミクロの世界の原子，分子，電子の運動から，目に見える，さまざまな現象（超伝導，磁性など）を解明していこうという，メチャクチャおもしろい学問なのだよ。

① 抵抗の3大公式

① 抵抗率 $R = \rho \dfrac{l}{S}$

② オームの法則 $V = IR$

③ 消費電力 $P = IV = I^2 R = \dfrac{V^2}{R}$

② 直流回路の解法手順

① 電流の仮定 ② オームの法則の記入

③ 「回路1周の電圧降下の和＝0」の式

③ 電流計・電圧計の作図法

Ir_A 　　　　読み V

(A)　　　　(V)

読み I 　　　　$\dfrac{V}{r_\mathrm{V}}$

> まず何よりも先に，
> 読みの I，V を書く

④ 電子1個1個から抵抗の公式を証明するストーリー

① 電場 $E = \dfrac{V}{l}$

② 電気力と抵抗力のつり合い $e\dfrac{V}{l} = kv$ ➡ $v = \dfrac{eV}{kl}$

③ 1秒間に断面を通過する電気量（電流 I ）

$I = vSn \times e$

④ ②③より，$I = \dfrac{eV}{kl} Sne$ ∴ $V = \left(\dfrac{k}{e^2 n} \times \dfrac{l}{S} \right) \times I$

⑤ $R = \dfrac{k}{e^2 n} \times \dfrac{l}{S} = \rho \times \dfrac{l}{S}$

コンデンサーを含む直流回路

▲直後はカラカラ，十分時間後は満プク

STORY 1 /// スイッチの切りかえ

1 スイッチ操作直後

　今，キミがカラッポのペットボトルを水道の蛇口に持っていった。そして，**図1**のようにキュッと蛇口の栓をひねった直後，ペットボトルはいっぱいになっているかな？

　まだ，たまるヒマがないですから，ほぼカラッポのままですよ。

　そうだね。直後では，水の流れはあるけれど，まだ，たまってはいないよね。

キュッ！

ドドッ！

まだ
カラッポ

図1 ひねった直後

これは，**図2**のような，カラッポのコンデンサーを充電しようとスイッチを ON にした直後と似ている。電流 I は流れ込むけれど，まだ，コンデンサーは電気量０のままだね。

一般に，スイッチを操作した直後のコンデンサー回路について次のことが言えるね。

図2　ON！直後

・POINT ①・ スイッチ操作　直後

コンデンサーに電流は流れるが，スイッチ操作の直後は，コンデンサーの電気量はもとの電気量と同じまま。

---

2 十分時間後はどうなるか

次は，蛇口の栓をひねってペットボトルに水を入れてから，**図3**のように，十分に時間が経った後を考えよう。このとき，ペットボトルに水は入るかな？

図3　十分時間後

いいえ，もう満タンだからこれ以上入りません。

そうだね。これは，**図4**のように充電後，十分に時間が経った後のコンデンサーと似ている。

コンデンサーの電気量はこれ以上変化しないので，もうこれ以上電流は流れ込まないよね。

図4

・POINT ❷・ スイッチ操作 十分時間後

コンデンサーに電流は流れず，コンデンサーの電気量はもう
これ以上変化できない。

　これから，チェック問題に入るけれど，問題文中の２つのキーワー
ド「直後」と「十分時間後」には波線を引いてあるので，注意して読
んでね。

「直後」「十分時間後」
２つのキーワード
に注目だ！

図 の 回 路 で，
はじめ，コンデン
サーの電荷は 0 で
あるとする。

(1) S_1 だ け 閉 じ
たとき，電池を
流れる電流 I お
よび，B 点の電
位 V_B はいくらか。

(2) 次に，S_2 も閉じた直後，R_2 を流れる電流および，B 点の
電位 V_B はいくらか。

(3) (2)の十分時間後，C に蓄えられた電気量 Q はいくらか。

解説

⏚って何の記号ですか？

それは**アース**（接地）といって，回路の一部が地面に接続されているとこ
ろなんだ。さらに，約束として，電位 0 V の基準点を表すんだ。「標高 0 m の
看板」のようなものだね。

(1) **図 a** のように作図する。

$$\circlearrowleft : +I \cdot 2R + IR + I \cdot \frac{R}{2} - V = 0$$

$$\therefore \quad I = \frac{2V}{7R} \cdots\cdots ① \quad \cdots\cdots 答$$

また，**図 a** で B 点は 0 V 点よ
りも $I \cdot \dfrac{R}{2}$ だけ高いところにあ
るので，

$$V_B = I \cdot \frac{R}{2} \underset{①より}{=} \frac{1}{7} V \cdots\cdots 答$$

図 a

(2) 「スイッチ S_2 を閉じた直後」とあるので，コンデンサーにも電流は流れ込むね。とは言っても，**図b**のように，まだ電気量は0で電位差は0のままだね。つまり，コンデンサーは，電位差0で電流を流す「ただの導線」とみなせる。

　よって，R_2も電位差0となり，流れる電流も0……答
となる。

$$V_B = 0 \cdot \frac{R}{2} = 0 \ \text{……答}$$

図 b

(3) 「十分時間後」とあるので，コンデンサーに電流は流れないぞ。

　よって，すべての電流は再び R_2 に流れるようになるね。これは**図a**の状態と全く同じであるので，R_2 に流れる電流 I は①式と同じになるよ。**図c**より，

図 c

$$\circlearrowleft : +V_1 - I \cdot \frac{R}{2} = 0$$

$$\therefore \ V_1 = I \cdot \underbrace{\frac{R}{2}}_{①より} = \frac{1}{7}V \quad V\text{ゲット！}$$

よって，$Q = CV_1 = \frac{1}{7}CV$ ……答

はじめ，すべての電気量は0である。図の回路で，

(1) スイッチを閉じた直後に$2R$の抵抗を流れる電流Iを求めよ。

(2) 十分時間後のコンデンサーCの電気量Qを求めよ。

(3) (2)の後，スイッチを開いた直後にRの抵抗に流れる電流を求めよ。

解説 (1)「スイッチを閉じた直後」というのは「コンデンサーに電流が流れ込み始めたが，まだ電気量は0である」ということだね。**図a**のように作図する。$2R$に流れている電流Iの一部がiに，残りが$I - i$となっていることに注目しよう。

ア：$+2RI + iR - V = 0$
イ：$+0 +0 +(I - i)R - iR = 0$

$$\therefore\ I = \frac{2V}{5R} \cdots\cdots \text{答}\quad i = \frac{V}{5R}$$

図a

(2)「十分時間後」というのは「もはやこれ以上コンデンサーに電流は流れ込まない」ということだね。**図b**のように作図するぞ。

ア：$+2RI' + I'R - V = 0$
イ：$+V_1 + V_2 + 0 - I'R = 0$
　：$-CV_1 + 2CV_2 = 0$

図b　　　図a

図b

$$\therefore \quad I' = \frac{V}{3R}, \quad V_1 = \frac{2}{9}V, \quad V_2 = \frac{1}{9}V$$

よって，$Q = CV_1 = \dfrac{2}{9}CV$……答

(3) スイッチを開くと，C の上側の正の電気と，$2C$ の下側の負の電気が引力で引かれ合って，放電が始まる。

図 c

「スイッチを開いた直後」なので，「コンデンサーから電流は流れ出すが，まだ時間が経っていないので，電気量に変化はない」ということ。

よって，**図 c** のように，C の電気量は CV_1，$2C$ の電気量は $2CV_2$ のままで，電流 I_1 が放電している。

⑦：$+ I_1R + I_1R - V_2 - V_1 = 0$

$$\therefore \quad I_1 = \frac{1}{2R}(V_1 + V_2)$$
$$= \frac{1}{2R}\left(\frac{2}{9}V + \frac{1}{9}V\right)$$
$$= \frac{V}{6R} \cdots\cdots 答$$

第 13 章 まとめ

① **2つのキーワード**

① スイッチ操作 直後

「コンデンサーに電流は流れるが，まだ電気量が変化する時間はないので，電気量は直前と変わらない」

② スイッチ操作 十分時間後

「コンデンサーの電気量はもうそれ以上変化しないので，コンデンサーに流れる電流は 0」

何度もくり返すけど
「直後」「十分時間後」
は要チェックだ！

回路の仕事とエネルギーの関係

▲エネルギーの流れは家計簿のつけ方と同じ

STORY 1 // 回路のエネルギー収支

1 電池はポンプ

　電池がなければ，ラジコンカーもスマホも動かないねえ。電池の役目とはまさにp.23で見たように，ポンプとして汲み上げることなんだ。

　ポンプが低いところから高いところに水を汲み上げて，水に重力による位置エネルギーを与えるように，電池とは低電位の－極側から高電位の＋極側へ電気を汲み上げて，電気に電気力による位置エネルギーを与えるんだ。

図1　電池とは電気を汲み上げる仕事をしている

2 電池の仕事

電位の定義(p.66) より，＋1C を V〔V〕持ち上げるのに要する仕事は V〔J〕だね。

すると，**図2**のように，起電力 V〔V〕の電池が，ΔQ〔C〕の電気量を－極から＋極へ持ち上げるときに投入する仕事 $W_{電池}$ は，その ΔQ 倍の

$$\boxed{W_{電池} = \Delta Q \times V}$$

となるね。

図2　電池の仕事 $W_{電池}$

3 回路の仕事とエネルギーの関係

いま，**図3**のように，スイッチ，電池，抵抗，コンデンサー，そして，コンデンサーを変形する手(外力)があるよ。ここで，次の⑲⑳㉑のストーリーを追っていこう。

⑲はじめ，コンデンサーの静電エネルギーは $U_{前}$ だったとしよう。

⑳ここで，手が仕事 $W_{手}$ をし，その間に電池は $W_{電池}$ の仕事をし，そして，抵抗

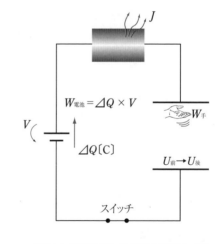

図3　回路の仕事とエネルギー

からジュール熱 J が発生していったとするね。

㉑その結果，コンデンサーの静電エネルギーが $U_{後}$ となったとしよう。

このとき，次の関係がいつも成り立つよ。

$$\begin{pmatrix} \text{前のコンデンサーの} \\ \text{静電エネルギー} \ U_前 \end{pmatrix} + \begin{pmatrix} \text{中で手がし} \\ \text{た仕事} \ W_手 \end{pmatrix} + \begin{pmatrix} \text{中で電池がし} \\ \text{た仕事} \ W_{電池} \end{pmatrix}$$

$$- \begin{pmatrix} \text{中で抵抗から放出さ} \\ \text{れたジュール熱} \ J \end{pmatrix} = \begin{pmatrix} \text{後のコンデンサーの} \\ \text{静電エネルギー} \ U_後 \end{pmatrix}$$

放出されるので必ず負（マイナス）

> $W_手$，J を問うとき用いる

たとえば，はじめ $U_前 = 100\,\mathrm{J}$ だったとして，途中で手と電池が仕事を $W_手 = 50\,\mathrm{J}$，$W_{電池} = 30\,\mathrm{J}$ のように投入して，その間に抵抗から $J = 20\,\mathrm{J}$ の熱が発生したら，最後に残っている $U_後$ はいくらかな？

> カンタン♪　$100 + 50 + 30 - 20 = 160\,\mathrm{J}$ です！

さらに，実際に問題を解くうえで大切なのは，静電エネルギー U の形だ。p.125で見たように，U には次の2つの表し方があったね。

$$U = \frac{1}{2}CV^2 \quad \text{または} \quad U = \frac{1}{2}\frac{Q^2}{C}$$

いつ，どちらの式を使うかな。

> 別に，どちらの式を使おうとかまわないんじゃないですか？

いいや，状況に応じて使い分けよう。次のように使い分けると，計算能率がグッと上がるんだ。つねに，究極の2択をしてほしい。

■ スイッチが閉じていて V が既知のとき ➡ $U = \dfrac{1}{2}CV^2$ を使う。

■ スイッチが開いていて Q が既知のとき ➡ $U = \dfrac{1}{2}\dfrac{Q^2}{C}$ を使う。

図の回路で,

(1) スイッチを a に入れコンデンサー C を充電してから十分時間が経つまでに R_1 で発生した全ジュール熱 J_1 はいくらか。

(2) その後スイッチを b に切りかえてから, 十分時間が経つまでに R_2, R_3 で発生したジュール熱 J_2, J_3 はそれぞれいくらか。

ただし, はじめの電気量は 0 とする。

解説 (1) 図 a のように, 流れる電流はだんだん小さくなっていき, ついには 0 に近づいていくぞ。

図 a

このようなとき, 消費電力の公式 I^2R で全ジュール熱を求められるかな?

ムリです。電流 $I_大 \to I_小 \to 0$ と変化していくから, I^2R の式を単純に使えません。

このように, 電流 I が一定でないときは, 1秒あたり発生するジュール熱の式 I^2R を使って直接全ジュール熱を求めることはできないね。そこで,《回路の仕事とエネルギーの関係》で間接的に求めるしかないのだ。

$$
\underset{\substack{\text{コンデンサー}\\\text{のエネルギー}}}{\underbrace{0}^{\text{前}}} + \underset{\substack{\text{電池のした}\\\text{仕事}}}{\underbrace{CV \times V}^{\text{中}}} + \underset{\text{ジュール熱}}{\underbrace{(-J_1)}^{\text{中}}} = \underset{\substack{\text{コンデンサー}\\\text{のエネルギー}}}{\underbrace{\frac{1}{2}CV^2}^{\text{後}}}
$$

$$
\therefore \quad J_1 = \frac{1}{2}CV^2 \cdots\cdots \boxed{答}
$$

(2) 次にスイッチを b に入れると**図 b**のように放電が始まる。やがて，電流はだんだん小さくなっていき，ついには 0 に近づいていくぞ。

図 b

《回路の仕事とエネルギーの関係》より，

$$
\overset{\text{前}}{\frac{1}{2}CV^2} + \overset{\text{中 ジュール熱}}{\{-(J_2+J_3)\}} = \overset{\text{後}}{0} \quad \therefore \quad J_2 + J_3 = \frac{1}{2}CV^2 \cdots\cdots ①
$$

いまの場合 R_2 と R_3 は直列で，つねに電流が等しい。
よって，（ジュール熱の比）＝（消費電力の比）は，

$$
J_2 : J_3 = I^2 R_2 : I^2 R_3 = R_2 : R_3 \cdots\cdots ②
$$

以上①②式より，

$$
J_2 = \frac{R_2}{R_2 + R_3} \times \frac{CV^2}{2}, \quad J_3 = \frac{R_3}{R_2 + R_3} \times \frac{CV^2}{2} \cdots\cdots \boxed{答}
$$

チェック問題 2 〉 **誘電体の挿入・引き出し**　　　標準 **10**分

(1)　起電力 V の電池につながれた容量 C のコンデンサーの極板間の下半分に比誘電率2の誘電体をゆっくりと入れた。このときに外力がした仕事 W_1 を求めよ。

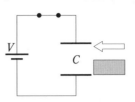

(2)　次にスイッチを開いてこの誘電体を抜いた。このときに外力がした仕事 W_2 を求めよ。

解 説　この問題も，直接外力の仕事を「力×距離」と求めることができないので，やはり，間接的に《回路の仕事とエネルギーの関係》で仕事を求めるしかないね。

図 a

(1)　まず，誘電体挿入後のコンデンサーの容量 C' を求めよう $\left(C = \dfrac{\varepsilon_0 S}{d} \text{ とする}\right)$。

　図 a のように2つに分けてから，直列合成容量の公式を用いると（p.143を見よ），

$$C' = \cfrac{1}{\cfrac{\frac{d}{2}}{\varepsilon_0 S} + \cfrac{\frac{d}{2}}{2\varepsilon_0 S}} = \frac{4\varepsilon_0 S}{3d} = \frac{4}{3}C \cdots\cdots ①$$

　図 b のように，一定電圧 V で挿入する。

図 b

このとき，電池が送り出した電気量はいくらかな？

はじめコンデンサーにあった電気量 CV を最後は $C'V$ まで増やしているから，差をとって $C'V - CV$ です。

そうだね。差をとることを忘れないでね。

ここで《回路の仕事とエネルギーの関係》（p.182）より，$V =$ 一定なので $U = \dfrac{1}{2}CV^2$ の式を使うことに注意して，《静電エネルギーの形の究極の２択》（p.182）より，

$$
\underset{\text{前}}{\dfrac{1}{2}CV^2} \ + \ \underset{\text{中}_{\text{外力}}}{W_1} \ + \ \underset{\substack{\text{中}_{\text{電池}}\\ \underbrace{(C'V - CV)}_{\text{送り出した電気量}}}}{} \times V = \underset{\text{後}}{\dfrac{1}{2}C'V^2}
$$

$$
\therefore \quad W_1 = \dfrac{1}{2}(C - C')V^2 = \underset{\text{①より}}{\underbrace{-\dfrac{1}{6}CV^2}} \cdots\cdots \boxed{答}
$$

W_1 が負となっている。これは，誘電体をゆっくりと挿入する際に，外力が（誘電体がコンデンサー内に吸い込まれないように）右向きの力で支えつつ，左向きに挿入しているからだよ。

(2) スイッチを開いたので電気量 $Q = C'V = \dfrac{4}{3}CV \cdots\cdots ②$ は変化しないので，

《回路の仕事とエネルギーの関係》で，$U = \dfrac{1}{2}\dfrac{Q^2}{C}$ の式を使うことに注意して，

$$
\underset{\text{前}}{\dfrac{1}{2}\dfrac{Q^2}{C'}} \ + \ \underset{\text{中}_{\text{外力}}}{W_2} \ = \ \underset{\text{後}}{\dfrac{1}{2}\dfrac{Q^2}{C}}
$$

$$
\therefore \quad W_2 = \dfrac{Q^2}{2}\left(\dfrac{1}{C} - \dfrac{1}{C'}\right) = \underset{\text{①②より}}{\underbrace{\dfrac{2}{9}CV^2}} \cdots\cdots \boxed{答}
$$

第 **14** 章
ま と め

① 電池のする仕事

$W_{電池} = (-極から+極へと送り出した電気量 \; \varDelta Q) \times (起電力 \; V)$

② コンデンサー回路で充・放電時に発生するジュール熱 J や，コンデンサーを変形するのに要する仕事 $W_手$ を問われたときに用いる式

《回路の仕事とエネルギーの関係》

$$\begin{pmatrix} 前のコンデンサーの \\ 静電エネルギー \; U_前 \end{pmatrix} + \begin{pmatrix} 中で手がし \\ た仕事 \; W_手 \end{pmatrix} + \begin{pmatrix} 中で電池がし \\ た仕事 \; W_{電池} \end{pmatrix}$$

$$- \begin{pmatrix} 中で抵抗から放出さ \\ れたジュール熱 \; J \end{pmatrix} = \begin{pmatrix} 後のコンデンサーの \\ 静電エネルギー \; U_後 \end{pmatrix}$$

　　　放出されるので必ず負（マイナス）

③ コンデンサーの静電エネルギー U の形の究極の2択

① スイッチが閉じていて V 既知のとき ➡ $U = \dfrac{1}{2}CV^2$

② スイッチが開いていて Q 既知のとき ➡ $U = \dfrac{1}{2}\dfrac{Q^2}{C}$

いつも前＋中＝後の形でエネルギーの出入りをまとめよう。

第15章 非直線抵抗

▲ひねくれものに愛(I)＆平和（ピース：Vサイン）を

STORY 1 非直線抵抗

1 非直線抵抗って何？

オームの法則から，抵抗を流れる電流 I と加わる電圧 V の間には，

$R = \dfrac{V}{I}$ の関係があることを見

てきたね。

もし，抵抗値 R が常に一定の
値をとるならば，V と I は比例
し，その I–V グラフは**図1**の
ように，通常の抵抗では原点を
通る直線になるはずだよね。こ
のように電圧 V と電流 I が素直
に比例する。

抵抗値 R は
いつも一定

図1 通常の抵抗

一方，豆電球やヒーターなどのような抵抗では，そのI-Vグラフは直線的にはならず，**図2**のようにグニャッと曲がってしまう。これは，その抵抗値$R = \dfrac{V}{I}$の値が，IやVの値とともに変化してしまうためなのだ。

　このように，I-Vグラフが曲線となる特殊な抵抗を非直線抵抗(非線形抵抗，非オーム抵抗)といい，その曲線のことを特性曲線という。

図2　非直線抵抗

なぜ，抵抗値Rが変化してしまうんですか？

　それをイメージするために，**図2**の曲線上の2点⑦，⑥の状態を比較しよう。

⑦　この状態では電流I_1，電圧V_1ともに小さく，消費電力$I_1 \times V_1$も小さいので，発生する熱も少なく，抵抗は比較的低温となるね。

　すると，**図3**のように，抵抗中の金属の陽イオンの熱振動はおだやかで，陽イオンはきれいに整列している。

すきまを抜ける！

電流I_1

図3　⑦の状態

　すると，自由電子はあまり陽イオンと衝突しないで抵抗内を流れることができるので，その抵抗値$R = \dfrac{V_1}{I_1}$は小さい。**図2**のグラフでも，I_1に対するV_1の比は小さくなっていることがわかるね。

㋑ この状態では電流 I_2，電圧 V_2 ともに大きく，消費電力 $I_2 \times V_2$ も大きいので，発生する熱も多く，抵抗は比較的高温となるね。

ボコボコぶつかる

図4　㋑の状態

すると，**図4**のように，抵抗中の金属の陽イオンの熱振動が激しくなり，陽イオンの配列は乱れてしまう。

すると，自由電子は，ひんぱんに陽イオンとボコボコ衝突しなければ抵抗内を流れることができないので，その抵抗値 $R = \dfrac{V_2}{I_2}$ は大きい。**図2**のグラフでも，I_2 に対する V_2 の比は大きくなっているね。

このように，非直線抵抗では抵抗値 $R = \dfrac{V}{I}$ の値が I や V とともに（正確にいえば温度とともに）変化してしまうことがわかるね。

2 非直線抵抗の解法

非直線抵抗では，電流 I さえ仮定すれば，その電圧は $V = R \times I$ と，単純に I に比例する形で（たとえば，$V = 20\,I$ とか $V = 100\,I$ のように）書けるかな？

いいえ。I と V は素直に比例せずに，曲線の関係を満たすから，定数 R を使って単純に $V = R \times I$ とは書けませんよ。

そうだね。そこで，この非直線抵抗では，複雑に変化する I と V を全くの独立した2つの未知数として仮定するしかないね。そのあとの解法は次の手順で攻めればよい。

• POINT ❶ • 非直線抵抗の解法

STEP1 何よりも先に，非直線抵抗に流れる電流 I，かかる電圧 V を仮定する。

> 未知数は I，V と２つ仮定する。よって，解くには２つの式が必要

STEP2 回路１周について
「電圧降下の和」＝０の式で，I と V の関係式……❶を求める。

> １つめの式は求まった。２つめの式は特性曲線の式。だが，式の具体的な形は不明。そこで次のようにグラフの交点を利用して連立方程式を解くしかないのだ。

STEP3 ❶を I–V グラフ上にグラフ化し，特性曲線との交点 $(V_0,\ I_0)$ を求める。
この I_0，V_0 が未知数の答えとなる。

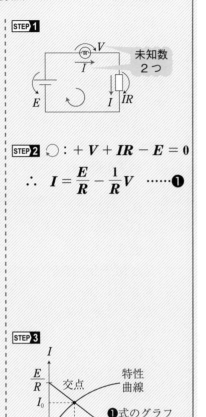

STEP1

未知数２つ

STEP2 $\circlearrowleft : +V + IR - E = 0$

$$\therefore\ I = \frac{E}{R} - \frac{1}{R}V \quad \cdots\cdots ❶$$

STEP3

交点

特性曲線

❶式のグラフ

この解法の命は **STEP1** だ。

非直線抵抗（ひねくれもの）に愛（$\dot{I}$）＆平和（$\dot{V}$サイン）を与える　と覚えておこう。

図1のように，抵抗Rまたは豆電球Mを電源Eにつなぎ，その両端の電圧 V [V] と電流 I [mA] を測定したところ，図2に示す結果が得られた。

図1

(1) Rの抵抗値 R はいくらか。

(2) 図3のように，RとMを(a)直列または(b)並列につなぎ，電源Eの電圧を7Vとした。電流計Ⓐを流れる電流はそれぞれいくらか。

図2

図3

解説 (1) Rは通常の抵抗だね。

図2で，抵抗Rは$V = 2\,\text{V}$のとき$I = 100\,\text{mA}$となるので，

$$R = \frac{V}{I} = \frac{2\,\text{V}}{100 \times 10^{-3}\,\text{A}} = 20\ \Omega \cdots\cdots \text{答}$$

(2) 《非直線抵抗の解法》(p.191)に入ろう。

　　ポイントは非直線抵抗（ひねくれもの）にI（ラブ）&V（ピース）を与えることだよ。

(a) **STEP1** 図aのように豆電球にIとVを仮定する。

図 a

STEP2

$$\circlearrowright: +20\,I + V - 7 = 0$$

$$\therefore\quad V = 7 - 20\,I\ \text{[V]} \cdots\cdots ①$$

STEP3 $0.35\,\text{A} = 350\,\text{mA}$より，図bのように，①式のグラフは$(0, 7)\,(350, 0)$を通る。

　　①と特性曲線のグラフの交点より，

$$I = 200\,\text{mA} \cdots\cdots \text{答}$$

図 b

(b) **STEP1** 図cのようにIとVを仮定。

STEP2

$$\overset{\text{大}}{\underset{\text{外}}{\circlearrowright}}: +20\,i - 7 = 0$$

$$\therefore\quad i = \frac{7}{20} = 0.35\,\text{A} = 350\,\text{mA}$$

$$\circlearrowright: +V - 7 = 0$$

$$\therefore\quad V = 7\,\text{V} \cdots\cdots ②$$

STEP3 図2の特性曲線で，$V = 7\,\text{V}$となるときの電流Iの値は，

$$I = 300\,\text{mA}$$

以上より，

$$i + I = 350 + 300$$
$$= 650\,\text{mA} \cdots\cdots \text{答}$$

図 c

電球の電流 I–電圧 V 特性曲線が右のグラフのようになっている電球がある。次の各場合に電池に流れる電流を求めよ。

(1) 電球2個を直列にして，20 Ω の抵抗と 100 V の電源と直列につなぐ。

(2) 電球2個を並列にして，10 Ω の抵抗と 50 V の電源と直列につなぐ。

電流〔A〕 / 電圧〔V〕

解説 (1) 《非直線抵抗の解法》(p.191)で解く。

回路図は**図a**のようになるね。

ゲゲッ，電球が2つもあります。2つあると難しく感じるなあ。

大丈夫。2つの電球は全く同じものだから，対称性が使えるよ。

STEP1 図aで直列だから，I は共通で，同じ特性曲線をもつので，同じ電圧 V がかかると仮定できる。

STEP2 ⟲ ：$+20I + V + V - 100 = 0$

$$\therefore \quad I = 5 - \frac{1}{10}V \cdots\cdots ①$$

STEP3 ①式をグラフ化し，**図b**で交点を求めると，

$$V = 20\,\text{V}, \quad I = 3\,\text{A}$$

よって，求める電流は，

$$I = 3\,\text{A} \cdots\cdots 答$$

図a

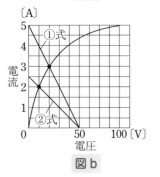

図b

(2) STEP1 図cで並列だから，V は共通で，
　　同じ特性曲線をもつので，同じ電
　　流 I が流れると仮定できる。

図c

STEP2　$\circlearrowright : + 2I \times 10 + V - 50 = 0$

　　$\therefore\ I = 2.5 - \dfrac{1}{20}V \cdots\cdots$②

STEP3　②をグラフ化し，図b で交点
　　を求めると，

　　　　$V = 10\,\mathrm{V},\ I = 2\,\mathrm{A}$

　　よって，求める電流は，$2I = 4\,\mathrm{A}\cdots\cdots$答

何よりも先に
$I \& V$ を
与えるよ！

① I–V グラフが → 原点を通る直線

　　　　　→ 通常の抵抗

　　　　　（抵抗値 R は一定）

　　　　 ► 原点を通る直線にはならない（特性曲線）

　　　　　→ 非直線抵抗

　　　　　（抵抗値 R が I や V とともに変化）

　　　　　例　電球，ヒーター，ダイオード

② 非直線抵抗の解法

STEP 1　非直線抵抗に I と V を仮定（2つの未知数）
　　　　（ひねくれもの）　　（ラブ＆ピース）

STEP 2　◯で I と V の関係式を求める　……★

STEP 3　★の式を I–V グラフ上に図示して，特性曲線との交点 (V_0, I_0) を求める。この V_0, I_0 が2つの未知数の答えとなる。

物理の電気は，ココまで。わからないところは，もう一度読み返してみよう。

物理
の
磁 気

第16章 電流と磁場（物理）

▲右手の「パー」でプッシュ！ 「グー」でパーンチ！

（本章に入る前に，この章の基礎となる「第4章」に目を通しておいてください。）

STORY 1 /// 磁場を表す言葉

1 基本は2つだ

4 で電流と磁場の関係を見てきたね。そこでの基本は2つで，

---

① 電流 $\vec{I}$ は，その周囲に磁場 $\vec{H}$ をつくる《右手のグー》
② 電流 $\vec{I}$ は，磁場 $\vec{H}$ から力（電磁力）$\vec{F}$ を受ける《右手のパー》

であった。ただし，4 ではつくられる磁場 $\vec{H}$ の向きと，受ける電磁力 $\vec{F}$ の向きの決め方だけを見てきたね。

そこで本章では，向きだけではなくて，具体的にその大きさまで計算することを考えていこう。そのために，まずは言葉の定義をしっかりしておこう。

2 磁気量の単位

④では，磁場 $\vec{H}$ の向きを，そこに置かれる方位磁針◉の N 極の向く向きで決めたね。本章では，もう少し精密に定義しよう。そのために電気量を表す単位(C)(クーロン)に対応する，磁気量(磁石の極の強さ)を表す単位(Wb)(ウェーバー)を定義しよう。

図1のように，たとえば，「お！ 強い N 極だ。+100 Wb だ」とか，「あーあ，弱い S 極だ。−0.03 Wb しかないな」などのように，正の値のときは N 極，負の値のときは S 極を表すと約束しよう。

+100 Wb　　　−0.03 Wb

図1　磁気量

> ・**POINT ①**・ 磁気量の単位
>
> (Wb)(ウェーバー) ㊟正の値は N 極を表し，負の値は S 極を表す。
>
> ⎛真空中で 1m 離れた磁気量の等しい 2 つの磁極の間にはたらく⎞
> ⎝磁気力が，6.33×10^4 N であるような磁気量を 1Wb とする。⎠

3 磁場の定義

電場 $\vec{E}$ (N/C) の定義は，「その点に置かれる +1 C の点電荷が受ける電気力」だったね。全く同じように磁場(磁界) $\vec{H}$ (N/Wb) の定義は，「その点に置かれる +1 Wb(単位の強さの N 極)の受ける磁気力」となるよ。

図2のように，N 極と S 極で挟まれた空間に，+1 Wb を置く。このとき，たとえば，受ける力の向きが右向きで，その力の大きさが 100 N なら，ここには右向きに大きさ 100 N/Wbの磁場 $\vec{H}$ が走っていることになる。

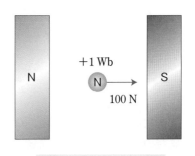

+1 Wb

100 N

図2　$H = 100$ N/Wb

██ $\vec{H}$ 〔N/Wb〕（＝〔A/m〕）
：その点に置かれる <u>+1 Wb の受ける磁気力</u>（ベクトル量）
単位の強さの N 極

4 磁束密度って何？

④で磁力線(p.43)を見てきたね。この磁力線と同様に，磁場の様子を表す線に磁束線というものがある。磁束線は，ほぼ磁力線と同じものと考えていいよ。

このとき，「1 m²あたりを垂直に貫く磁束線の本数」のことを，その点での磁束密度 B〔Wb/m²〕＝〔T（テスラ）〕（または便宜的に〔本/m²〕）という。

たとえば図3のように，1 m²あたり5本の磁束線が走っているときには，$B = 5$ 本/m²となるね。磁束密度 B が大きい空間

図3　磁束密度 $\vec{B}$ ＝5本/m²

ほど，磁束線の密度が濃い空間となり，強い磁場 H となる。一般に，磁束密度 B と磁場 H は比例しており，

$$B \iff H$$
比例

そこで，まわりの空間をみたす物質で決まる比例定数を μ として，

$$\boxed{B = \mu \times H}$$

と書ける。この比例定数 μ のことを透磁率という。とくに，まわりが真空のときは，真空の透磁率 μ_0 を用いるよ。たとえば，まわりが鉄で満たされていれば，鉄の透磁率 $\mu_\text{鉄}$ を用いるよ。

POINT ③ 磁束密度 $\vec{B}$ の定義

■ 磁束密度 $\vec{B}$ 〔Wb/m²〕（=〔T〕）（=〔本/m²〕）

> 向き：基本的には磁場 $\vec{H}$ と同じ向き
> 大きさ：1 m²あたりを垂直に貫く磁束線の本数

■ 磁場 $\vec{H}$ との関係

$$B = (透磁率\ \mu) \times H$$

その空間をみたす
物質で決まる定数

まだ，いまいち，B と H の違いがわからないんですけど。

　いい質問だ。例えば，電磁石では中に鉄しんを入れるとパワーアップすることは経験上知っているよね。それはなぜかと言えば，真空の透磁率 μ_0 に比べて，鉄の透磁率 $\mu_鉄$ のほうが何百倍も大きいからなんだ。

　鉄の透磁率 $\mu_鉄$ がそのように大きくなる理由については，大学レベルの話になるので，ここでは，触れないでおくよ。とりあえず，B と H の違いのイメージだけをつかんでおこう。

B と H の違いは
次のページで。

図4の2つのコイルは全く同じ形で，同じ電流で，全く同じ磁場 H であっても，それらの磁束密度 B は，

$$B_{真空} = \mu_0 \times H$$
$$B_{鉄} = \mu_{鉄} \times H$$

となって，ケタ違いに $B_{鉄}$ のほうが $B_{真空}$ より大きく，パワーアップしているんだ。

図4　磁場 H は全く同じ，でも磁束密度 B はケタ違い

つまり，磁束密度 B という量の中には，「まわりの空間がどんな物質で満たされているか」という情報も含まれているんだ。つまり，B のほうが H より濃い内容を含んでいるんだ。シャープペンシルの芯の濃さと同じ。その芯は，B のほうが H より濃いってことだね(笑)。

> **◆POINT ④◆ 磁場 H と磁束密度 B の違い**
>
> 磁場 H：まわりの空間の状態は関係なく，電流のみで決まる量
> 磁束密度 $B (= \mu H)$：まわりの空間の状態まで含めて考えた量

STORY ② 電流 I はそのまわりに磁場 H をつくる

STORY① で言葉の定義ができたので，さっそく「電流と磁場の関係」
の完全版をつくるよ。④ でやった《右手のグー》(p.44)を思い出そう。

• POINT ⑤ 電流がつくる磁場《右手のグー》(完全版)

例1 十分に長い直線電流

電流 $\vec{I}$

半径 r

この点での
円の接線
方向

$\vec{H}$

電流から r だけ離れた点での
磁場の大きさ $H = \dfrac{I}{2\pi r}$ $\left(\begin{array}{l}r\to 大ほど\\ H\to 小\end{array}\right)$

$\vec{I}$ (まっすぐ：電流)

向きの覚え方
《右手のグー》

$\vec{H}$ (巻く：磁場)

例2 円形電流

$\vec{H}$ 半径 r

$\vec{I}$

中心点(✕印の点)のみでの
磁場の大きさ
《右手のグー》

$H = \dfrac{I}{2r}$

$\vec{H}$ (まっすぐ：磁場)

$\vec{I}$ (巻く：電流)

例3 ソレノイドコイル

全長 l

$\vec{H}$

$\vec{I}$ 全 N 回巻き

中央部のみでの
磁場の大きさ

$H = \dfrac{N}{l} I$

《右手のグー》

$\vec{I}$ (巻く：電流)

$\vec{H}$
(まっすぐ：磁場)

POINT ⑤ の磁場の大きさ H の公式は，すべて同じ単位をもっていることがわかるかい？

えーと， $\dfrac{I\,[\mathrm{A}]}{2\pi r\,[\mathrm{m}]}$ ，$\dfrac{I\,[\mathrm{A}]}{2r\,[\mathrm{m}]}$ ，$\dfrac{N}{l\,[\mathrm{m}]} \times I\,[\mathrm{A}]$
あ！　すべて$[\mathrm{A/m}]$です。

そうなんだ。だから，磁場の単位は$[\mathrm{N/Wb}]$だけではなくて，$[\mathrm{A/m}]$と書いてもいいんだよ。

STORY③ 電流 I は磁場 H から電磁力 F を受ける

❹でやった電流 I が磁場 H から受ける電磁力 F《右手のパー》(p.46)についてもその向きと大きさを含む完全版をつくろう。

・POINT ⑥・ 電流が磁場から受ける力《右手のパー(No.1)》

手順1 人さし指から小指までの4本の指の束は磁束密度 $\vec{B}$ の向きに向ける。
（束は束にグサッと刺す）

手順2 直角に開いた親指は電流 $\vec{I}$ の向きに向ける。
（親指は導線のイメージ）

手順3 手のひらでまっすぐ押す向きが電磁力 $\vec{F}$ の向き。
（手のひらでプッシュ！）

手順1　磁束密度 $\vec{B}$
手順2　電流 $\vec{I}$
90°
$l\,[\mathrm{m}]$
手順3
電磁力 $\vec{F}$

以上のように $\vec{F}$ の向きを決めたら，力の大きさ F は，

$$F = I \times B \times l$$ （lは導線の長さ）

となることがわかっている。

単純に，$I \times B \times l$ と３つかければいいんですね。カンタンだ！

　そうだ。そのために，磁束密度 B を導入したのだからね。

　さあ！　これで，電流と磁場の関係を，その向きだけではなくて，その大きさまで含めて分析できるようになったね。

チェック問題 1　電流と磁場の関係　　標準 **10** 分

　紙面に垂直に３本の直線導線 A，B，C が間隔 l で置かれている。導線 A と B には表→裏，C は裏→表を向く大きさ I の電流が流れている。透磁率を μ とする。

(1)　B，C がそれぞれ A の位置につくる磁場 $\overrightarrow{H_B}$，$\overrightarrow{H_C}$ の大きさを求めよ。

(2)　B と C が A の位置につくる合成磁場 $\overrightarrow{H}$ の大きさを求めよ。

(3)　A の単位長さあたりが $\overrightarrow{H}$ から受ける力の大きさを求めよ。

解説　(1)　図 a，b のように，B，C がそれぞれつくる磁場 $\overrightarrow{H_B}$，$\overrightarrow{H_C}$ の向きは，《右手のグー》(p.203)で親指をそれぞれの電流の向き（B：表→裏，C：裏→表）に向けたときの，人さし指の先が向かう向きに巻く円を考えたとき，その円の点 A での接線方向を向き，大きさはともに

$$|\overrightarrow{H_B}| = |\overrightarrow{H_C}| = \frac{I}{2\pi l} \cdots\cdots ① \quad \cdots\cdots 答$$

図a　B と C がつくる磁場

図b　図aの立体的イメージ

(2) 図cより合成磁場 $\vec{H}$ の向きは図の
下向きで，その大きさは，$\vec{H_B}$, $\vec{H_C}$
のベクトル和を考え，

$$|\vec{H}| = |\vec{H_B}|\cos 60° + |\vec{H_C}|\cos 60°$$

$$\underset{①より}{=} \frac{I}{2\pi l} \times \frac{1}{2} + \frac{I}{2\pi l} \times \frac{1}{2}$$

$$= \frac{I}{2\pi l} \cdots\cdots ② \quad \cdots\cdots 答$$

図c　磁場の合成

(3) 《右手のパー（No.1）》(p.204)で導線A
の1mあたりが受ける電磁力 $\vec{F}$ の向きは
図d，eで，親指を電流の向き $\vec{I}$（表→
裏），人さし指から小指までの束を磁場
$\vec{H}$ に当てたときに，手のひらでまっすぐ
押す向き（左向き）で，大きさは，

$$|\vec{F}| = I|\vec{B}|\cdot 1$$

$$\underset{|\vec{B}| = \mu|\vec{H}| より}{=} I\mu|\vec{H}|\cdot 1$$

$$\underset{②より}{=} I\mu\frac{I}{2\pi l}$$

$$= \frac{\mu I^2}{2\pi l} \cdots\cdots 答$$

図d　A が受ける力

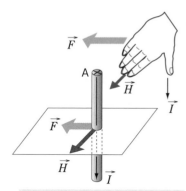

図e　図dの立体的イメージ

① 磁場 $\vec{H}$：そこに置かれる $+1$ Wb あたりが受ける磁気力

② 磁束密度 $\vec{B}$
① 向き：$\vec{H}$ と同じ向き
② 大きさ：$1\,\mathrm{m}^2$ あたりを貫く磁束線の本数

③ $\vec{B}$ と $\vec{H}$ の関係：$\vec{B} = ($透磁率 $\mu) \times \vec{H}$
　　　　　　　　　　　まわりの物質で決まる定数

④ 電流 $\vec{I}$ は磁場 $\vec{H}$ をつくる
① 向き《右手のグー》
② 大きさ

（ⅰ）直線電流　$H = \dfrac{I}{2\pi r}$

（ⅱ）円形電流　$H = \dfrac{I}{2r}$

（ⅲ）ソレノイドコイル　$H = \dfrac{N}{l}I$

⑤ 電流 $\vec{I}$ は磁場（磁束密度 $\vec{B}$）から力（電磁力）$\vec{F}$ を受ける
① 向　き：《右手のパー（No.1）》
② 大きさ：$F = I \times B \times l$

第17章 ローレンツ力

▲ローレンツ力で魔球「らせん運動ボール」

STORY① ローレンツ力

1 ローレンツ力って何？

⑯では電流が磁場から受ける力を見てきたね。また，⑫で電流の正体は，導線中を流れる電子⊖という荷電粒子（電気の粒）の流れだということを見てきたね。

> $I = vSne$ ですね。
> アイ アム ブ ス ネ ー

ビミョーなゴロ合わせはさておき，ちゃんとその式を導けるかな？で，以上を合わせると，電流が磁場から力を受けるというのは，結局ミクロの目で見ると，何が力を受けていることになるかい？

> えーと，導線の中を走る電子などの荷電粒子です。

すると，磁場中を走る荷電粒子は磁場から力を受けることになるね。この力のことを**ローレンツ力**というんだ。このローレンツ力も p.204 の電磁力同様《右手のパー》でまとめることができるよ（ただし，p.204 と区別するために（No.2）としている）。

• POINT ❶ •　ローレンツ力《右手のパー（No.2）》

手順1　磁束密度 $\vec{B}$ の向きに人さし指から，小指までの4本の指の束を合わせる。
（束は束にグサッと刺す）

手順1
磁束密度 $\vec{B}$

手順2　⑦正電荷 $+q$ の速度 $\vec{v}$ の向きに親指を向ける。
④もし，負電荷 $-q$ の場合には速度と逆向きに親指を向ける。

手順2
$-q$　　$+q$　　90°
$\vec{v}$ ④　　⑦ $\vec{v}$

手順3　手のひらでまっすぐ押す向きにローレンツ力 $\vec{f}$ を受ける。
（手のひらでプッシュ！）

$\vec{f}$　$\vec{f}$
手順3

　このようにローレンツ力の向きを決めたら，力の大きさは，

$$f = q \times v \times B$$

と決まる。

どうして，$+q$ と $-q$ では親指の当て方が違うんですか？

いい質問だね。まさに，そこがポイントなんだ。

それは，次の理由だよ。まず，図1のように上向きの磁束密度 $\vec{B}$ 中を電流 $\vec{I}$ が右向きに流れているときは《右手のパー(No.1)》(p.204)より，その電流 $\vec{I}$ が受ける力 $\vec{F}$ の向きは，手前側だよね。これをミクロの目で見るとき，もし，流れている荷電粒子が正電荷⊕の場合は，⊕は電流と同じ右向きに走っているので，図2のように，1つひとつの⊕は《右手のパー》の親指と同じ向きに速度 $\vec{v}$ を向けていることがわかるね。逆に，流れている荷電粒子が負電荷⊖だった場合は，⊖は電流とは逆向きに走る(p.152)から図3のように，1つひとつの⊖は《右手のパー》の親指とは逆向きに速度 $\vec{v}$ を向けていることになるね。これが，$+q$ と $-q$ でその速度 $\vec{v}$ と親指の向きの当て方が異なる理由なんだ。

図1　電流が受ける力

図2　正電荷が流れているとき

図3　負電荷が流れているとき

2 $\vec{B}$ と $\vec{v}$ が斜めの場合

もし，磁束密度$\vec{B}$の向きと荷電粒子の速度$\vec{v}$の向きが直角じゃなかったら，ローレンツ力はどうやって求めるんですか？

これまた，いい質問だ。そのときには，

$\boxed{まず}$，図4にあるように，斜めの速度$\vec{v}$を分解して，

㋐ $\vec{B}$と垂直の$v\sin\theta$

㋑ $\vec{B}$と平行の$v\cos\theta$

に分解するよ。

$\boxed{次に}$，$\vec{B}$と平行な成分㋑をもった荷電粒子は全く力を受けないので，㋑はポイッと捨て，㋐のみを考えるんだ。

図4　斜めの速度の場合

すると，**図4**のように，《右手のパー(**No.2**)》より，ローレンツ力は $f = q\,v\sin\theta\,B$ と決まるんだ。

以上で，⊕だろうと⊖だろうと，どの向きの$\vec{v}$をもっていようと，自由自在にローレンツ力が求まりますね。

その通りだよ！　次のチェック問題で確かめてほしい。

束は束にグサッと……
親指は電流
手のひらでプッシュ！

チェック問題 1〉ローレンツ力 易 3分

(1)(2)で荷電粒子⊕，
⊖が磁束密度の大きさ
B の磁場から受ける
ローレンツ力 $\vec{f}$ の向き
と大きさをそれぞれ求
めよ。

(1) (2)

解説 《右手のパー(No.2)》(p.209)で求めるのみ。

(1) **図a**のように正電荷なので
$\vec{v}$ と同じ $+z$ 方向に親指を向
ける。

　このとき，手のひらで押す
向きの
$+x$ 方向……答 に，
ローレンツ力 $f = qvB$ ……答
を受ける。

図 a

(2) **図b**のように速度を分解す
る。そのうち，$\vec{B}$ と平行な成
分 $v\cos\theta$ は捨て，垂直な成
分 $v\sin\theta$ のみ考える。そし
て，今度は負電荷なので，親
指は $v\sin\theta$ とは逆の $-z$ 方向
に向ける。

　このとき，手のひらで押す
向きの $+x$ 方向……答 に，
ローレンツ力
$f = qv\sin\theta\,B$ ……答
を受ける。

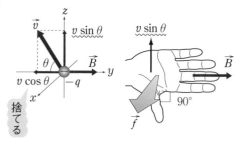

図 b

STORY ② ローレンツ力を受ける等速円運動

1 なぜ等速円運動するのか？

まず，**図5**を見て，❶〜❻
の順番に１つひとつ考えてい
こう。

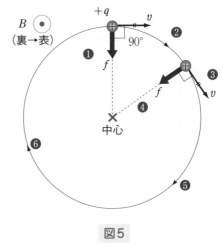

図5

❶ 荷電粒子⊕は磁場から
《右手のパー（No.2）》(p.209)
によりローレンツ力
$f = qvB$ を下向きに受ける。

❷ そのローレンツ力を受け，
⊕は下へカーブする。

❸ ローレンツ力は移動方向
とつねに直交しているので，
仕事をしない。よって，運
動エネルギーは一定。つまり，速さ v は変わらない(等速)。

❹ よって，⊕が受けるローレンツ力の大きさ $f = qvB$ も変わらない。

❺ したがって,カーブの曲がり具合(曲率半径)は,つねに一定となる。

❻ よって，円運動をして戻ってくる。

以上から，ローレンツ力を受ける荷電粒子が等速円運動することが
わかったね。

 まるで，ローレンツ力が透明な糸の張力となって中心に
引っ張っているみたいですね。

その通り！ いいイメージだ。

・POINT ❷・ ローレンツ力を受ける等速円運動

　磁場と垂直の初速度をもつ荷電粒子は，ローレンツ力を向心
力とする等速円運動をする。

> ### チェック問題 2 〉ローレンツ力を受ける円運動　やや難 15分
>
> チェック問題 1 (p.212)で，荷電粒子の質量を m とするとき，粒子はその後どのような運動をするか。(1)(2)それぞれについて述べよ(中心，半径，周期は明記せよ)。

解説 ・POINT ❷・で見たように等速円運動をするけども，どの点を中心とする等速円運動になるかな？

> ハイ！ ローレンツ力 $\vec{f}$ を向心力とする円運動だから,円の中心はローレンツ力 $\vec{f}$ のベクトルの矢印の先にあります。

いいぞ！　円運動の解法より（力学・熱力学編 ⑭ をご覧ください）

STEP1　中心，半径 r，速さ v を求める。

STEP2　「回る人」から見た遠心力 $m\dfrac{v^2}{r}$ を作図。

STEP3　半径方向の力のつり合いの式を立てる。

を使って解こう。

(1)　図 a のように $-y$ 方向から見るよ。ローレンツ力の向きは p.212で求めたように $+x$ 方向を向き，その大きさは，
$$f = qvB$$
となったね。

STEP1 円の中心は $\vec{f}$ の矢印の向く先の×にとる。半径は r と仮定。速さは v である。

STEP2 「回る人」から見て，遠心力 $m\dfrac{v^2}{r}$ を書くよ。

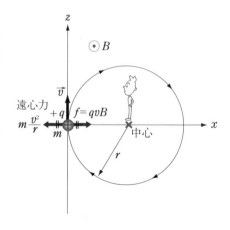

図a　$-y$ 方向から見る

214 物理の磁気

STEP3 半径方向の力のつり合いの式は，

$$m\frac{v^2}{r} = qvB$$

となるので，この式より円運動の半径 r は，

$$r = \frac{mv}{qB} \cdots\cdots ①$$

以上より，求める運動は，点 $\left(\dfrac{mv}{qB}, 0, 0\right)$ を中心とする，半径 $\dfrac{mv}{qB}$ の等速円運動で，その周期は，

$$T = \frac{2\pi r}{v} = \frac{2\pi m}{qB} \cdots\cdots \boxed{答}$$ となる。

(2)

> ゲゲ！ 斜めの速度でスタートすると，その後一体どんな運動になるんでしょうか？ はじめの一歩がわかりません！

放物運動を思い出してごらん。解法のポイントは何だったっけ？

> ハイ！ 初速度 $\vec{v}$ を水平方向と鉛直方向に分解して，水平方向は等速度運動，鉛直方向は等加速度運動に完全に分けて考えます。

　全く同じように $\vec{v}$ を⑦ $\vec{B}$ と平行な成分（$-y$ 方向）と④ $\vec{B}$ と垂直な成分（$+z$ 方向）に完全に分けて考えるよ（**図b**）。

⑦　もし，粒子が $-y$ 方向に速さ $v\cos\theta$ で走ると，全くローレンツ力を受けずに，そのまま，等速直線運動するね。

④　もし，粒子が $+z$ 方向に速さ $v\sin\theta$ で走ると，**図b**のように，（p.212でやった）$+x$ 方向にローレンツ力 $f = qv\sin\theta\,B$ を受けるね。

　この力が向心力となって，粒子は等速円運動するよ。

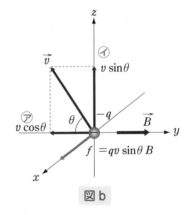

図 b

この⦿の円運動について $-y$
方向から見ると**図c**で，

STEP1 中心は $\vec{f}$ の矢印の先の×
にとる。半径は r と仮定。速
さは $v\sin\theta$ だね。

STEP2 「回る人」から見て，遠心
力

$$m\frac{(v\sin\theta)^2}{r} \quad \text{を書くよ。}$$

STEP3 半径方向の力のつり合い
の式は，

$$m\frac{(v\sin\theta)^2}{r} = qv\sin\theta\, B$$

$$\therefore\quad r = \frac{mv\sin\theta}{qB}\cdots\cdots ②$$

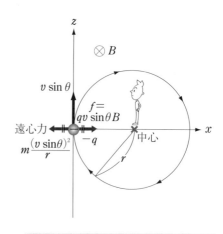

図c ⦿の運動を $-y$ 方向から見る

以上の⦾と⦿を合わせる
と，**図d**のように，$-y$ 方
向に速さ $v\cos\theta$ で運動し
ながら，回転していく
らせん運動になる。

らせんの中心軸は，

$$x = \frac{mv\sin\theta}{qB},\ z = 0$$

にあり，半径は，

$$r = \frac{mv\sin\theta}{qB} \quad \text{で，}$$

その周期は，

$$T = \frac{2\pi r}{v\sin\theta} \ \underset{②より}{=}\ \frac{2\pi m}{qB}\cdots\cdots\boxed{答}$$

図d ⦾＋⦿ はらせん運動

となり，周期だけは，(1)と同じになるね。周期は，q と m と B のみで決ま
り，初速度の大きさや向きにはよらないことは覚えておいて損はないよ。

① 　磁場中を走る荷電粒子はローレンツ力を受ける。

①向　き：《右手のパー（**No.2**）》

②大きさ：$f = q \times v \times B$

　　㊟　正電荷と負電荷で親指の当て方が逆向きになる。

　　㊟　$\vec{B}$ と $\vec{v}$ が斜めの場合には $\vec{v}$ を分解し，$\vec{B}$ と垂直な成分のみローレンツ力を受ける。

② 　ローレンツ力を受ける荷電粒子の運動

ローレンツ力を向心力とする等速円運動をする。

　㊟　$\vec{B}$ と $\vec{v}$ が斜めの場合には，$\vec{v}$ を ㋐ $\vec{B}$ と平行，㋑ $\vec{B}$ と垂直な成分にそれぞれ分解し，

┌ ㋐ $\vec{B}$ と平行な向きにはローレンツ力を受けず等速度運動

└ ㋑ $\vec{B}$ と垂直な面内にはローレンツ力を受けて等速円運動

└→ ㋐＋㋑は，らせん運動になる。

力学の復習をしながら，勉強するとよいかも！

第 18 章

電磁誘導（物理）

▲ただの棒が電池に化けるマジック！

（本章に入る前に，この章の基礎となる「第5章」に目を通しておいてください。）

STORY 1 磁場中を運動する導体棒

1 棒が電池に化ける？

図1のように上向きの磁束密度 B の磁場中を，長さ l の導体棒 PQ が速さ v で直角に横切りながら走っているよ。この導体棒は，じつは「電池」と全く同じモノと見なせるんだ。

 どーして，こんなタダの棒が電池になるんですか？

図1　磁場中を走る導体棒

たしかにそう思えるね。

しかし，これから見ていくように，⑰でやったローレンツ力を考えると，この棒がまさに「電池」（ローレンツ力電池）となることがわかるんだ。

2 そもそも起電力 V の電池って何のこと？

ここでは，まず起電力の定義に戻ってみよう。p.180で見たように，電池とは一種の「ポンプ」のことで，－極側から＋極側へ電気を「汲み上げる」装置のことだったよね。

この電池が起電力 V [V]をもつということはどういうこと？

図2　V [V]の電池とは

たしかp.181 2 で見たように，＋1 C を－極側から＋極側へ「持ち上げる」ときに，V [J]の仕事をする能力をもつということでした。**図2**のイメージです。

OK！　＋1 C に対し 1.5 J の仕事をできるのが 1.5 V の乾電池で，＋1 C に対して 6 J の仕事をできるのが 6 V のリチウムイオン電池だ。

3 ローレンツ力によって棒は電池になる。

もう一度，**図1**に戻ってみよう。この棒 PQ が ＋1 C に対していくらの仕事をする能力をもつかを調べるために，**図3**のように棒の上に ＋1 C を乗せてみよう。

図3　＋1 C を乗せてみる

すると，この ＋1 C は棒とともに磁場中を動くので……

磁場中を走る +1 C ……そう！ ローレンツ力を受けます。

その通り。+1 C は棒と同じ速度 v で磁場中を動くので，**図4** のように《右手のパー（No.2）》(p.209)を用いると，P→Q の向きに大きさ $f = 1 \cdot vB$ のローレンツ力を受けることがわかるね。

図4 棒の上の +1C が受けるローレンツ力 f

このローレンツ力 $f = 1 \cdot vB$ [N] は +1 C を棒に沿って P から Q まで l [m] だけ運ぶ際に，

$$\underbrace{1 \cdot vB}_{力} \times \underbrace{l}_{距離} = vBl \text{ [J]}$$

だけの仕事を +1 C に対してすることができる。

ここで，**2** で見たように起電力 V [V] の電池とは「－極側から＋極側へ，+1 C を運ぶ際に V [J]の仕事をすることができる装置」であるから，**図4** の棒 PQ は **図5** のような P を－極側，Q を＋極側とする起電力であり，

$$V = 1 \cdot vB \times l = vBl \text{ [V]}$$

の電池と同等とみなせるね。

P
＋極　－極
＋1 C に対して
$V = 1 \cdot vB \times l$
$= vBl$ 〔J〕
の仕事能力をもつ
V 〔V〕
Q

図5　図4はこんな電池と同等

　これは，ローレンツ力を動力源とする電池であるので，本書では「ローレンツ力電池」とよぶことにするよ。

・POINT　❶・「ローレンツ力電池」

①　起電力の向きの決め方

　導体棒の上に＋1 C を乗せたとき，《右手のパー（No.2）》(p.209)で受けるローレンツ力の向きが起電力の向きとなる。

②　起電力の大きさ V 〔V〕の決め方

　①のローレンツ力によって＋1 C を棒に沿って運んだときに，ローレンツ力がする仕事（＝**力×距離**）が起電力の大きさ V となる。

（例）　P
＋1 C を乗せる
v
$\odot B$
ローレンツ力
$1 \cdot vB$
l
V
Q

$$V = \underbrace{1 \cdot vB}_{\text{力}} \times \underbrace{l}_{\text{距離}}$$

$$= vBl \ [\text{V}]$$

磁束密度 B の磁場中を速さ v で平行移動する長さ l の導体棒に生じる起電力の向きと大きさ V を求めよ。

(1)

(2)

（v は xz 平面内）

(3)

(4)

（棒は xy 平面内）

解説 (1) 棒に +1 C を乗せると，**図a**のように《右手のパー（No.2）》(p.209)で $-y$ 方向にローレンツ力 $1 \cdot vB$ を受ける。このローレンツ力が +1 C を運ぶ仕事が起電力 V になる。

$$V = \underbrace{1 \cdot vB}_{力} \times \underbrace{l}_{距離} = \underline{vBl}\ [\text{V}] \cdots\cdots 答$$

図 a

(2) $\vec{v}$ を分解して，ローレンツ力を
受けない $\vec{B}$ と平行な速度成分
$v\sin\theta$ は捨て，$v\cos\theta$ のみを残す。

棒に $+1\,\mathrm{C}$ を乗せると，**図b**のように《右手のパー（No.2）》で $+y$
方向にローレンツ力 $1 \cdot v\cos\theta\,B$ を受ける。
このローレンツ力が $+1\,\mathrm{C}$ を運ぶ仕事より，

$$V = \underbrace{1 \cdot v\cos\theta\,B}_{\text{力}} \times \underbrace{l}_{\text{距離}} = vBl\cos\theta\ [\mathrm{V}] \cdots\cdots 答$$

図b

(3) 棒に $+1\,\mathrm{C}$ を乗せると，**図c**のように《右
手のパー（No.2）》で $+y$ 方向にローレンツ
力 $1 \cdot vB$ を受ける。しかし，このローレンツ
力は棒に沿った方向とは直角なので，棒に
沿って $+1\,\mathrm{C}$ を運べない。よって，

$$V = 0\,[\mathrm{V}] \cdots\cdots 答$$

つまり，棒が「ブチブチ」磁束線を横
切らないと起電力は生じないんだ。

図c

(4) 棒に $+1\,\mathrm{C}$ を乗せると，**図d**のように《右
手のパー（No.2）》で $+y$ 方向にローレンツ
力 $1 \cdot vB$ を受ける。ただし，この力のうち棒
に沿った成分 $1 \cdot vB\cos\phi$ だけが仕事をする
ので，

$$V = \underbrace{1 \cdot vB\cos\phi}_{\text{力}} \times \underbrace{l}_{\text{距離}} = vBl\cos\phi\ [\mathrm{V}] \cdots\cdots 答$$

図d

// **電磁誘導の法則（物理）**

1 磁束って何？

　⑤で，電磁誘導の法則について見てきたね。そこでは，コイルに磁石を近づけたり，遠ざけたりすると，コイルの中を貫く磁束線の本数が変化し，その変化を妨げる向きに，誘導起電力が生じていた。

　⑤では，生じる誘導起電力の向きだけを決めてきたけど，本章ではいったい何[V]の誘導起電力が生じるのか，その大きさまで決めていこう。

　そのために，まずは磁束 Φ [Wb]（＝[本]）という量を定義しよう。ここで，Φ は「ファイ」と読むよ。

> ・POINT ② 磁束 Φ [Wb]（＝[本]）
>
> 　ある面を（垂直に）貫く磁束線の総本数を磁束 Φ [Wb]（＝[本]）という。
>
> 　特に，磁束密度 B [本/m²]が面積 S [m²]の面を垂直に貫いているときは，
>
> $$\Phi = \underset{\substack{1\text{m}^2\text{あたり}\\ \text{の本数}}}{B} \times \underset{\text{面積}}{S} \text{[本]}$$
>
>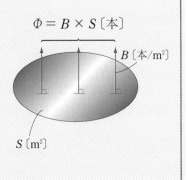
>
> $\Phi = B \times S$ [本]
>
> B [本/m²]
>
> S [m²]

 　磁束 Φ の単位は[Wb]（ウェーバー）なんですか？　それとも，[本]なんですか？

　もちろん，正式には[Wb]だよ。だけど，（磁束 Φ）＝（貫く磁束線の本数）という定義なので，この本数というイメージと合うように[本]という単位を実用上使っているんだ。

2 発生する誘導起電力の大きさ V の求め方

1で磁束Φを定義したので，次は，起電力の大きさVを求めよう。**5**のp.52では，Vは1秒あたりの磁力線の本数の変化と，コイルの巻き数に比例することを見てきたね。本章ではより具体的に起電力の大きさVを数値で求められるようにしよう。

じつは，Vの求め方には次の3つの 表現 があるけど，どれも全く同じ意味をもっているんだ。例として，図6のように3秒間で$\Phi=6$本という一定のペースで磁束Φが増していくコイルを見てみよう。

図6　コイルを貫く磁束Φが増加

このときのコイル1巻きあたりに発生する起電力の大きさVは，

表現1　$V = 1$秒あたりの磁束Φの変化の大きさ

➡ 図6の例では，
$$V = \left| \frac{6本増加}{3秒間で} \right| = 2\,\mathrm{V} \quad となる。$$

表現2　$V = \Phi{-}t$ グラフの傾きの大きさ

➡ 図6を$\Phi{-}t$グラフにしてみると，図7のようになるが，

この**図7**の傾きの大きさが V なので，

$$V = \left| \frac{\text{上へ6上がる}}{\text{右へ3いって}} \right|$$

$$= 2\,\text{V}$$

となって，表現1 と一致している。

表現3 $\quad V = \left| \dfrac{d\Phi}{dt} \right|$

図7　図6の Φ-t グラフ

 ヒエー！
微分ですか。

微分といっても，アワテルことはないよ。単にグラフの傾きを見ているにすぎないんだ。**図7**の Φ-t グラフでは，磁束 Φ を時刻 t の関数で表すと，$\Phi = 2t$ となるね。この Φ を t で微分すると……やってごらん。

 $\Phi = 2t$ だから，t で微分すると，$\dfrac{d\Phi}{dt} = \dfrac{d(2t)}{dt} = 2$
あ！　同じ。

そうだね。やっぱり，$V = \dfrac{d\Phi}{dt} = 2\,\text{V}$ となったでしょ。

以上をまとめると，電磁誘導の法則の完全版ができたことになるね。

・POINT　3・　電磁誘導の法則（完全版）

　貫く磁束が変化するコイルには誘導起電力が生じる。

① 　コイルに発生する起電力の向きは，コイルを貫く磁束 Φ の変化を妨げようとする向き（p.51）

② 　コイル1巻きあたりに発生する起電力の大きさ V

$\quad V = 1$秒あたりの磁束 Φ の変化の大きさ

$\quad\quad = \Phi$-t グラフの傾きの大きさ $= \left| \dfrac{d\Phi}{dt} \right|$

---

3 「ローレンツ力電池」と《電磁誘導の法則》の関係

 STORY① の「ローレンツ力電池」と STORY② の《電磁誘導の法則》は，どちらも起電力が発生するんですが，何か関係があるのですか？

　とってもいい質問だね。じつは，図8のように，電磁誘導の法則の中に「ローレンツ力電池」は含まれているんだ。

 具体的には，どういうことですか？

┌─── 電磁誘導の法則 ───┐
（B が時間変化するとき）

「ローレンツ力電池」
（B が一定）

図8　ローレンツ力電池と電磁誘導の法則

　そうだねえ，たとえば，図9のように磁束密度 B の磁場中で，長さ l の棒 PQ が速さ v で右向きに進んでいるとしよう。

　これは図5（p.221）で見た棒 PQ と全く同じ状況だね。図5では「ローレンツ力電池」の考え方を使って，発生する起電力を求めてきたけど，ここでは電磁誘導の法則を使って，①起電力の向き，②起電力の大きさを求めてみようね。

① 発生する起電力の向き

図9　棒 PQ は図5と全く同じ

　図9のように，閉回路 PQRS を定める。棒 PQ が右へ動くと，長方形 PQRS の面積 lx〔m^2〕はどんどん減少していく。つまり，閉回路 PQRS を貫く磁束 Φ はどんどん減少していく。

　よって，このとき発生する起電力の向きは，磁束の減少を妨げる向き，つまり磁束を増加させようという向きで，図9のように P→Q の向きになる。これは，図5の起電力の向き P→Q と合っているね。

② 発生する起電力の大きさ

図10のように，1秒あたりに閉回路 PQRS を貫く磁束は，

$$\underbrace{B}_{\substack{1\,\mathrm{m}^2\text{あたり}\\ \text{の本数}}} \times \underbrace{l \times v}_{\substack{1\text{秒間に}\\ \text{減る面積}}}$$

だけ減少している。

よって，《電磁誘導の法則》より，発生する起電力の大きさはこの減少分と同じで，

$$V = Blv \text{ [V]}$$

となる。これは，図5 (p.221) で，ローレンツ力が＋1 C を運ぶ仕事を計算して，求めた起電力 $V = vBl$ [V] と一致している。

図10　1秒あたりの磁束の減少分

 では，結局「ローレンツ力電池」と《電磁誘導の法則》のどっちを使ってもいいのですか？

少しだけ注意が必要だよ。上の例のように，磁束密度 B が時間変化しないで，棒が「ブチブチ」と磁束線を横切って動く場合は，やはり「ローレンツ力電池」のほうがわかりやすく計算も早いので，おすすめだ。

一方，図6 (p.225)のように回路が動かず，B が時間変化している場合には，「ローレンツ力電池」で計算することはできないので，電磁誘導の法則で解くしかないね。つまり，次のように使い分けよう。

磁束密度 $\overset{\bullet}{B}$ が時間変化 $\Big\langle$ しない ➡「ローレンツ力電池」が楽。
する ➡「電磁誘導の法則」しかない。

　以上をまとめると，電磁誘導の問題をバリバリ解く解法が見えてくる。

　「ハメ技」のように解けるので，確実に得点源になるよ。

◆ POINT ❹ ▸ 《電磁誘導の解法 起 電 力》

起 ……発生する 起 電力 V を求める。求め方は，次の2択

　　　　磁束密度 B が時間変化を

　　　　2択 ► しないとき ➡《ローレンツ力電池》(p.221)
　　　　　　　　　　　　　　　　が楽。
　　　　　　► するとき ➡《電磁誘導の法則》(p.226)
　　　　　　　　　　　　　　　で求めるしかない。

電 ……その起電力 V によって回路に流れる 電 流 I を《直流回路の解法》(p.154)で求める。

力 ……その電流 I が磁場から受ける電磁 力 を《右手のパー(No.1)》(p.204)によって作図する。

　　　　あとは，棒やコイルが

　　　　2択 ► 一定速度のとき ➡ 力のつり合いの式
　　　　　　　► 加速度をもつとき ➡ 運動方程式

　以上の手順を 起 → 電 → 力 と「起電力」に引っかけて頭に入れよう。

間隔 l の長いレールを水平から角 θ 傾け，端を抵抗 R で結び，磁束密度 B の一様な磁場中に置く。レールに沿ってなめらかに動く質量 m の導体棒 PQ を放す。その後十分に時間が経った後，棒の速さが v_0 で一定となった。重力加速度を g として，

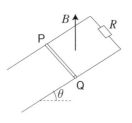

(1) PQ 間に発生している起電力の向きと大きさを求めよ。

(2) R に流れる電流の大きさ I を v_0 を含む式で表せ。

(3) v_0 を求めよ。

(4) 抵抗での消費電力 P と棒に重力が単位時間あたりにする仕事 W との関係を式にせよ。

解説　(1)《電磁誘導の解法**起電力**》(p.229)で解く。

起　磁束密度は一定で，棒が磁束線を切っているので，《ローレンツ力電池》の考え方で棒の上に $+1\,\mathrm{C}$ を乗せ起電力を求めよう。**図a**のように速度 v_0 を分解し，磁束を「ブチブチ」切ることができない成分 $v_0\sin\theta$ は捨て，切ることができる成分 $v_0\cos\theta$ のみ考えるよ。発生している起電力の大きさは，$+1\,\mathrm{C}$ をローレンツ力 $1\cdot v_0\cos\theta\,B\,〔\mathrm{N}〕$ で $l\,〔\mathrm{m}〕$ 運ぶときにする仕事より，

$$V = \underbrace{1\cdot v_0 B\cos\theta}_{\text{力}} \times \underbrace{l}_{\text{距離}}$$

$$= v_0 Bl\cos\theta\,〔\mathrm{V}〕\cdots\cdots\text{答}$$

でその向きは，**図b**のように《右手のパー(No.2)》(p.209)で Q→P の向き……**答**

図 a

図 b　図 a の立体イメージ

(2)　電　図aで流れる電流 I は回路の式より，

$$\circlearrowleft : + IR - v_0 Bl \cos\theta = 0 \cdots\cdots ①$$

$$\therefore \quad I = \frac{v_0 Bl \cos\theta}{R} \cdots\cdots ② \quad \cdots\cdots 答$$

(3)　力　図aで電流 I が受ける電磁力 F
《右手のパー（No.1）》（p.204）の向き
を図c，dのように決めると（このと
き F の向きを水平右向きにすべし。
斜面に沿って上向きにしてしまう人
が多いので注意！），大きさは $F =$
IBl となる。あとは力学。ここで棒は
一定速度なので力のつり合いより

$$mg \sin\theta = IBl \cos\theta \cdots\cdots ③$$

②を③に代入して v_0 について解くと，

$$v_0 = \frac{mgR \sin\theta}{(Bl)^2 \cos^2\theta} \cdots\cdots 答$$

v_0（一定）　電磁力　$F = IBl$

図c　レールを真横から見たもの

P　I　B　$F = IBl$　Q

図d　図cの立体イメージ

エネルギー保存の式の求め方の定石

(4)　①式の両辺に I をかけて

$$I^2 R = IBl v_0 \cos\theta \underset{③より}{=} mg \sin\theta\, v_0$$

この式の左辺は消費電力 P，右辺は
図eより，
（重力のレール方向の成分 $mg \sin\theta$ ）×
（１秒で進む距離 v_0 ）から W となる。

よって，$P = W \cdots\cdots 答$ となり，エネ
ルギー保存が成り立っている。

$t=0$　v_0　$t=1$　θ　mg

図e　重力が１秒あたりにする仕事

　この結果のように，棒が一定速度のときには次の関係が成り立つよ。

・POINT ⑤・ 電磁誘導でのエネルギー収支

$$\begin{pmatrix} 外力が１秒あたりに \\ 投入した仕事 W \end{pmatrix} = \begin{pmatrix} 回路で１秒あたりに \\ 消費される電力 P \end{pmatrix} \begin{pmatrix} 注 棒が一定速度 \\ のとき成立 \end{pmatrix}$$

辺の長さ L, l で抵抗 R をもつ長方形コイル abcd を，一定の速さ v_0 で幅 $2L$ の磁束密度 B の磁場（向きは紙面表→裏）の中を動かす。右辺 bc が磁場中に入ったときを $t = 0$ とする。このとき次の量の時間変化を表すグラフを，㋐ $t \leqq \dfrac{L}{v_0}$，㋑ $\dfrac{L}{v_0} < t \leqq \dfrac{2L}{v_0}$，㋒ $\dfrac{2L}{v_0} < t \leqq \dfrac{3L}{v_0}$ に分けてかけ。

(1) 抵抗に流れる電流 I (a→b 向きを正)

(2) コイルに加えるべき外力 F (右向きを正)

解説 (1) 《電磁誘導の解法 起 電 力》(p.229)で，解こう。

起 ㋐のとき，どんな起電力が発生しているかい？

> えーと，あれ？ 今回はコイル全体が動いちゃっている。どうしよう？

そのコイルのうち「ブチブチ」と磁束線を切っているのは，長方形の4つの辺のうちどの辺かな？

> あ！ そうか。コイルのうち辺 bc のみが，磁束線を切っているぞ。辺 bc のみが《ローレンツ力電池》になっているぞ！

その通り。

図a

⑦のとき辺 bc のみが磁束線を切り，《右手のパー(No.2)》(p.209)で起

電力 $\underbrace{1 \cdot v_0 B}_{\text{力}} \times \underbrace{l}_{\text{距離}} = v_0 Bl$ が図a⑦の向きに発生するね。

①のときは，辺 bc，辺 ad ともに磁束を切るので，図a①のように，発生する起電力が打ち消し合い全体としては 0 となるよ。

⑦のときは，辺 ad のみが磁束線を切り，起電力 $v_0 Bl$ が図a⑦の向きに発生しているね。

📦 流れる電流を I とすると，⑦のとき図a⑦より，

⑦：$+IR - v_0 Bl = 0$ ∴ $I = \dfrac{v_0 Bl}{R}$（向きは b→a）

①のとき，起電力 0 で電流も 0 だ。⑦のとき，図a⑦より，

⑦：$+IR - v_0 Bl = 0$ ∴ $I = \dfrac{v_0 Bl}{R}$（向きは a→b）

以上より，グラフは図bのようになる。……答

(2)⑦ 《右手のパー(No.1)》(p.204)より，⑦⑦のときのみ電磁力が図aの

⑦⑦のようにはたらき，その大きさは，$IBl = \dfrac{(Bl)^2 v_0}{R}$

この力と逆向きで同じ大きさの外力 F を加えることによって一定速度を保っている。以上より，グラフは図cのようになる。……答

図 b

図 c

別 解 《電磁誘導の法則》(p.226)より，Φ-t グラフをかくと，図dのようになる。

起電力 $V =$（Φ-t グラフの傾き）より，

⑦のとき，$V = \dfrac{BLl}{\dfrac{L}{v_0}} = Blv_0$

①のとき，$V = 0$

⑦のとき，$V = \dfrac{-BLl}{\dfrac{L}{v_0}} = -Blv_0$

図 d

となって同じ答えがでるね。

チェック問題 **4** 回転する導体棒 やや難 **15**分

　図のように，裏→表向きの一様な磁束密度 B の磁場中に長さ r の4本の導体棒と円形リングでつくった車輪がある。いま，このリングに外力 F を作用させて，反時計回りの一定角速度 ω（1秒あたりの回転角）で回転させている。この車輪には図のように抵抗 R がつけられている。すべての摩擦や R 以外の抵抗は無視できる。

(1) 各導体棒に発生している起電力の向きと大きさ V を求めよ。

(2) 抵抗 R を流れる電流（右向き正）を求めよ。

(3) 外力 F の大きさを求めよ。

解説 (1)《電磁誘導の解法 起 電 力》(p.229)で解く。

起 今回も，磁束密度 B は時間変化しないで一定なので《ローレンツ力電池》で解く。

 えー，棒が回転しています。どうやって《ローレンツ力電池》の起電力を求めるの？

　いつもと同じで，大丈夫。

　図aのように1秒あたりの棒の動きを図示するのがコツ。図aより棒の中央の位置が，棒全体としての平均の速さ $v_{平均} = \underbrace{\dfrac{1}{2}r}_{半径} \times \underbrace{\omega}_{角速度}$ で動いていることがわかる。

　その位置に $+1\,\mathrm{C}$ を乗せると，ローレンツ力 $f_{平均} = 1 \cdot v_{平均}B = \dfrac{1}{2}r\omega B$ を円の外向きに受ける。

よって，起電力の大きさは，

$$V = \underbrace{\frac{1}{2}r\omega B}_{平均の力} \times \underbrace{r}_{距離} = \frac{1}{2}Br^2\omega \cdots\cdots ① 答$$

図a　1本の棒の1秒の動き

---

(2)電　図**b**でRに流れる電流をIとして，

$$\circlearrowleft : +IR - V = 0 \cdots\cdots ②$$

②より，求める電流は右向き正として，

図 b

$$-I = \underbrace{-\frac{V}{R}}_{①より} = -\frac{Br^2\omega}{2R} \cdots\cdots ③ \cdots\cdots 答$$

　図**b**で，起電力Vの電池が４つあるから，②の式は
$\circlearrowleft : +IR - V \times 4 = 0$ ではないのですか？

　ダメダメ！　図**b**には４つの電池があるけど，これらはすべて並列
つなぎ。だから，４つのVを足してはいけないんだ。並列つなぎでい
くらの電池Vをつないだって，全体
の起電力は結局Vのままだよ。

(3)力　棒１本あたりに流れる電流$\frac{1}{4}I$

が受ける電磁力$f = \frac{1}{4}IBr$ の向き

は《右手のパー(No.1)》(p.204)より，
図**c**。

図 c　ローレンツ力は平均して
棒の中心にはたらくとみなせる

　ここで，角速度が一定のときは，
力のモーメントがつり合うことを
用いると，

$$\underbrace{F \times \underbrace{r}_{うで}}_{反時計回り} = \underbrace{4}_{4本分} \times \frac{1}{4}IBr \times \underbrace{\frac{r}{2}}_{うで}$$
反時計回り　　　　時計回り

$$\therefore \quad F = \frac{IBr}{2} = \underbrace{\frac{B^2r^3\omega}{4R}}_{③より} \cdots\cdots 答$$

　力のモーメントを考えるのは，いまいち苦手だなあ。別の
やり方はないの？

あるよ。それは，仕事とエネルギーに注目するやり方だ。

別解 (3)では一定角速度を保っているので，**・POINT ⑤・**の《電磁誘導でのエネルギー収支》(p.231)を使ってみよう。

まず，外力 F が1秒あたりに投入する仕事 W は，

$$W = \underbrace{F}_{\text{力}} \times \underbrace{r\omega}_{\substack{\text{1秒あたりの移動距離} \\ (\text{速さ} v = r\omega)}}$$

一方，抵抗での消費電力 P は，

$$P = I^2 R$$

ここで，エネルギー収支より $\boxed{W = P}$ となるので，

$$Fr\omega = I^2 R$$

$$\therefore \quad F = \frac{I^2 R}{r\omega} \underset{\text{③より}}{=} \frac{B^2 r^3 \omega}{4R} \cdots\cdots \boxed{\text{答}}$$

となり，同じ答えがでてくるね。

　これは，一種の「モーター」の原理だね。現在，ほとんどの車にはガソリンエンジンが使われているけど，地球温暖化や原油の枯渇などの問題があるため，将来は電気自動車の時代と言われている。とはいえ，まだまだ克服すべき課題は多いので，しっかりと電磁誘導を学んで，「地球に優しい技術」を発展させて欲しいな。

図のようにそれぞれの端子・の間の長さ l，抵抗値 R の 9 本の抵抗で長方形の回路 abcdefgh をつくり，水平面上に置く。

全体に鉛直上向きの磁場をかけ，その磁束密度 B をグラフのように時間変化させたとき，

(1) 回路 cfhac，回路 cdefc に発生する誘導起電力をそれぞれ求めよ。

(2) 辺 cf に流れる電流（c→f の向きが正）を求めよ。

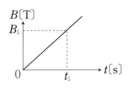

解 説 (1) 《電磁誘導の解法 **起 電 力**》で解く。

起 どうやって起電力を求めるかい？

 えーと，棒が動いて「プチプチ」と磁束線を切るわけじゃないから，「ローレンツ力電池」は使えないし……

たしかにそうだね。そこで本問のように，棒が動かず，磁束密度 B だけが時間変化する場合には《電磁誘導の法則》(p.226) しか使えないね。**図 a** で回路の cfhac，cdefc をそれぞれ回路 ㋐，㋑ とよぶ。回路 ㋐，㋑ の面積はそれぞれ $2l^2$，l^2 なので，貫く磁束線の本数，つまり磁束 Φ はそれぞれ，

図 a

$$\Phi_{\text{㋐}} = \underbrace{B}_{\text{磁束密度}} \times \underbrace{2l^2}_{\text{面積}} \quad , \quad \Phi_{\text{㋑}} = \underbrace{B}_{\text{磁束密度}} \times \underbrace{l^2}_{\text{面積}} \quad \text{となるね。}$$

図aで**ア**, **イ**に発生する起電力 $V_\text{ア}$, $V_\text{イ}$ の向きは, 図bの STEP1～STEP4 のように考えて, 決めたよ。

また, 起電力の大きさ $V_\text{ア}$, $V_\text{イ}$ は《電磁誘導の法則》(p.226)より, $V = $（1秒あたりの磁束 Φ の変化の大きさ）なので,

ア：$t = 0\,\text{s}$ から $t = t_1\,\text{(s)}$ までの間に, $\Phi_\text{ア} = 0 \times 2l^2$（本）から $\Phi_\text{ア} = B_1 \times 2l^2$（本）まで変化したので,

STEP1 磁束 $\Phi = B \times S$ が増加

STEP2 下向きの磁場 H をつくりたい

イヤ！

STEP3 この向きの誘導電流 I を流したい

STEP4 この向きの起電力 V が発生

図b

$$V_\text{ア} = （1秒あたりの \Phi_\text{ア} の変化の大きさ）$$
$$= \frac{B_1 \times 2l^2 \text{（本）変化}}{t_1 \text{秒間で}} = \frac{2B_1 l^2}{t_1}\,\text{(V)} \cdots\cdots ① \quad \cdots\cdots 答$$

イ：$t = 0\,\text{s}$ から $t = t_1\,\text{(s)}$ までの間に, $\Phi_\text{イ} = 0 \times l^2$（本）から $\Phi_\text{イ} = B_1 \times l^2$（本）まで変化したので,

$$V_\text{イ} = （1秒あたりの \Phi_\text{イ} の変化の大きさ）$$
$$= \frac{B_1 \times l^2 \text{（本）変化}}{t_1 \text{秒間で}} = \frac{B_1 l^2}{t_1}\,\text{(V)} \cdots\cdots ② \quad \cdots\cdots 答$$

(2)電 図aのように直列の抵抗はまとめて, 電流 I, i を仮定すると,

ア：$+ I \cdot 5R + iR - V_\text{ア} = 0$ **イ**：$+ (I - i)3R - V_\text{イ} - iR = 0$

$$\therefore \quad I = \frac{1}{23R}(4V_\text{ア} + V_\text{イ}), \quad i = \frac{1}{23R}(3V_\text{ア} - 5V_\text{イ}) \cdots\cdots ③$$

よって, 辺 cf に流れる電流 i（c→f の向きが正）は, ③に①, ②を代入して,

$$i = \frac{1}{23R}\left(3 \times \frac{2B_1 l^2}{t_1} - 5 \times \frac{B_1 l^2}{t_1}\right)$$
$$= \frac{B_1 l^2}{23R t_1}\,\text{(A)} \cdots\cdots 答$$

起→電→力で攻めるのみだね。

① 磁束線を切りながら進む棒に発生する起電力《ローレンツ力電池》

    ① 向　き：棒に乗せた $+1\,\mathrm{C}$ が受けるローレンツ力の向き

    ② 大きさ：そのローレンツ力が棒に沿って $+1\,\mathrm{C}$ を
                    運ぶときにする仕事（＝力×距離）の大きさ

② 貫く磁束（磁束線の本数）が変化するコイルに発生する
起電力《電磁誘導の法則》

    ① 向　き：磁束 Φ の変化を妨げようとする向き

    ② 大きさ：1秒あたりの磁束 Φ の変化の大きさ

$$= \Phi\text{-}t \text{ グラフの傾きの大きさ} = \left| \frac{d\Phi}{dt} \right|$$

③ 電磁誘導の解法

    起　発生する 起 電力を求める。

    磁束密度 B ＜ 時間的に一定 ➡ ①で求めると楽。
                     時間的に変化 ➡ ②で求めるしかない。

    電　◯で流れる 電 流 I を求める。

    力　その電流 I が磁場から受ける電磁 力 $F = IBl$ を
    求める。あとは力学の問題になる。

④ 電磁誘導でのエネルギー収支（棒の速度が一定のとき）

（外力が1秒あたりにする仕事）＝（消費電力）

▲超保守的なコイル君

STORY① コイルの自己インダクタンス

1 コイルは慣性をもっている

力学でやった「慣性（かんせい）」の考えを覚えているかい？　たとえば，**図1**では，

① 　静止した物体は，そのまま静止しつづけようとするね。

② 　動いている物体は，そのまま等速直線運動しつづけようとする。

両方とも，速度の変化を〈イヤ!!〉と妨げているイメージだね。

速度の変化
イヤじゃ！

① 　ダルマ落とし

速度の変化
イヤ〜

② 　車は急には止まれない

図1　慣性とは

特に，質量 m が大きいほど，物体のもつこの「慣性」(速度の変化を妨げようとする性質)は大きかったよね(例：ダンプカーは，オートバイより加速が鈍い)。

　全く同じように，コイルにも，自分を流れる電流に対する一種の「慣性」があるんだ。つまり，自分を流れる電流の変化を妨げようとする性質をもっている。そして，「質量 m」に相当する「妨げの強さ」を表す定数が，本章で登場する「自己インダクタンス L」という量なんだ。

2 コイルが電流の変化を妨げるしくみ

> コイルはどうやって，電流の変化を妨げるんですか？

　じゃあそれを，次の図2，図3，図4の⑦〜㋔の順に見ていこうか。いま，図2⑦のように，コイルに流れている電流 I が増加していったとしよう。すると，㋑のように《右手のグー》(p.203)で，下向きの磁場が強くなり，コイルを下向きに貫く磁束 Φ が増えるね。

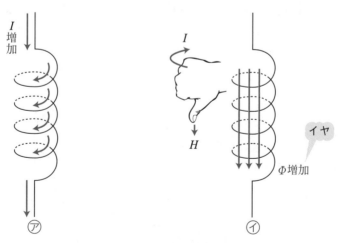

図2　コイルの電流を増やすと

すると，**図3**⑰のように，《電磁誘導の法則》(p.226)で磁束 Φ の増加を妨げるために上向きに磁場 $H_妨$ をつくりたい。磁場 $H_妨$ をつくるためには《右手のグー》で⑰の向きの電流 $I_妨$ を流したいね。そのためには，⑭の向きの誘導起電力が各コイルの 1 巻きごとに発生する必要があるね。

$H_妨$ を
つくるため

$H_妾$

$I_妨$ を
流したい

$I_妨$

Φの増加を
妨げるため

$H_妨$ を
つくりたい

⑰

そのためには，
この向きの
誘導起電力
が必要

⑭

図3　コイルに起電力が生じる

　⑭の各コイル 1 巻きごとの誘導起電力をコイル全体にわたって直列に足していって，1 つの電池の絵にすると，**図4**の㋔のようになるね。さあ，この電池の起電力の向きはどんな向き？

上向きの起電力ということは……　あ！　もとの電流 I が下向きに増加するのを妨げようとする向きです。

　そうだね。このようにして《電磁誘導の法則》を使って誘導起電力を発生させることで，コイルは自分を流れる電流の変化を妨げようとするんだ。

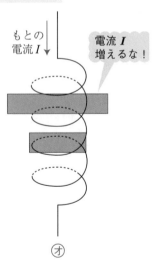

もとの
電流 I

電流 I
増えるな！

㋔

図4　電流増えるな！

3 コイルに発生する起電力の大きさ V

コイルには「電流の変化」を妨げようとする向きに起電力が発生するということはわかったんですが，では，その起電力の大きさ V は何 〔V〕になるんですか？

いい質問だね。**2** では，《電磁誘導の法則》により，誘導起電力 V が発生することを見てきたね。ここで，《電磁誘導の法則》(p.226)をもう少し詳しく思い出してみると，発生する誘導起電力 V は，

　　　(誘導起電力 V) ＝ (1秒あたりの磁束 Φ の変化)……①

だった。

さらに，《右手のグー》(p.203)より磁場と電流は比例するので，

　　　(コイルを貫く磁束 Φ) $\Longleftrightarrow$ (コイルに流れる電流 I)……②
　　　　　　　　　　　　比例

となったね。以上の①，②を合わせてみると，

　　　(誘導起電力 V) $\Longleftrightarrow$ (1秒あたりの電流 I の変化)……③
　　　　　　　　比例

となることがわかるね。つまり，1秒間に 100 万 A 増す！　みたいに，急に超大量の電流を増やすほどコイルは〈 **イヤ～～！** 〉と，大きな反発力で大きな起電力を発生させるということだ。

ここで，図5のように，
　　(1秒あたりの電流 I の変化)
　　＝(I–t グラフの傾き)
　　$= \dfrac{dI}{dt}$……④

傾き
$\dfrac{9\,\text{A 増加}}{3\,\text{秒で}} = 3$

図5

ゲゲ！　微分ですか……

大丈夫。I–t グラフの傾きをとっているだけだよ。図5なら，I–t グラフの式は $I = 3t$ だから，

$$\frac{dI}{dt} = \frac{d(3t)}{dt} = 3 \quad となるね。$$

さて，③，④を合わせると，

$$(誘導起電力\ V) \underset{比例}{\Longleftrightarrow} \frac{dI}{dt} \cdots\cdots ⑤$$

となることがわかったね。よって，L を比例定数として⑤は，

$$\boxed{V = L\frac{dI}{dt}}$$

と書ける。この比例定数 L [H]（ヘンリー）は，コイルの自己インダクタンスとよばれ，コイルの形状や，中に入っている物質で決まる。

 自己インダクタンス L の物理的な意味はどんなものですか？

ズバリ，L はコイルの「電流の変化を妨げる強さ」を表すんだ。

例えば，L が大きいコイルほど，少しでも電流 I が変化しただけで，敏感に〈 **イヤ～～！** 〉と大きな起電力 V を発生させるんだよ。

•POINT❶ コイルの自己インダクタンス L [H]

コイルは，自分を流れる電流 I の変化を妨げようとする，誘導起電力 V を生じる。その「妨げる強さ」を表すコイル特有の定数を自己インダクタンス L [H] という。

発生する誘導起電力 V は，1 秒あたりの電流 I の変化 $\dfrac{dI}{dt}$ に比例し，

$$V = L\frac{dI}{dt}$$

と書ける。

---

4 減るのもイヤ！　変化なしがキモチイイ！

 3 の $V = L\dfrac{dI}{dt}$ の式って，電流 I が増えるときだけの式ですよね。電流 I が減るときはどうなるんですか？

　いいや，この $V = L\dfrac{dI}{dt}$ の式は，電流 I が減るときもどんなときも使える式なんだ。

　たとえば，**図6**のように電流 I が減っている例では，

$$V = L\frac{dI}{dt}$$

$$= L\frac{(0-6)\,[\text{A}]\,変化}{2秒で}$$

$$= L \times (-3)$$

となるね。V が負になるということは，**図7**の右図のように，

図6

＋極を下向きにした電池が発生していて，「電流 I が減るのはイヤ！」と妨げていることと同等になるんだ。

図7　減るのもイヤ！

もし，電流 I が一定だったら，起電力 V はどうなりますか？

もちろん，$\dfrac{dI}{dt} = 0$ だから，$V = 0\,\text{V}$ だよ。つまり，電位差0で電流 I を流す。これは何と同じかな？

 あ！　ただの導線となっています。

その通り。つまり，電流 I の変化を嫌うコイルにとっては，電流 I の変化がない（$I =$ 一定の状態）が，「何の文句もつけようがないキモチイイ状態」なのだ（笑）。

以上のように，$V = L\dfrac{dI}{dt}$ の式は，I 増，I 減，I 一定のどの場合でも共通に成り立つ式なんだ。

これから見るように，このコイルの性質がスマホの充電器，無線通信，ラジオのチャンネル装置など，さまざまな電気製品に活用されているんだよ。

次は，回路の中でのコイルのはたらきについて見ていこう！

コイルを含む回路

　ここではまず，**図8**のように，コイルを含む回路で，スイッチを ON した後の回路に流れる電流 I の時間変化を追ってみよう。

図8　コイルを含む回路のスイッチON！

　このときの電流 I の時間変化のグラフは**図9**のようになるよ。ここでポイントは，⑦で $t=0$ の直後も一瞬は $I=0$ となることだ。

　つまり，コイルを流れる電流は，スイッチを切りかえても一瞬はその直前と同じ値に保たれ，急には変化しないんだ。

図9　図8の I-t グラフ

　どうして，コイルを流れる電流は急には変化しないんですか？

　たとえば，**図10**のように不連続に変化したら，$t=0$ での $\dfrac{dI}{dt}$，つまり I-t グラフの傾きはいくらになる？

図10　不連続に変化したら

$$\frac{dI}{dt} = \infty \quad \text{ヒエ〜,} \quad V = \infty \text{(無限大)ボルトだ！ ありえな〜い！}$$

そうでしょ(笑)。だから，必ず一瞬は，その直前と同じ電流を保つしかないんだ。

POINT ③ コイルを流れる電流

コイルを流れる電流は，スイッチを開閉した直後も一瞬はその直前と同じ大きさを保つ。

チェック問題 1 コイルを含む回路のスイッチの ON・OFF 標準 **10**分

抵抗値 R_1, R_2, R_3 の抵抗，起電力 E の電池，自己インダクタンス L のコイルを含む図の回路について次の問いに答えよ。

(1) スイッチ S を閉じた<u>直後</u>，スイッチを通って流れる電流 I_0 はいくらか。

(2) スイッチ S を閉じて<u>十分時間</u>が経った後に，R_1 に流れる電流 I_1 はいくらか。

(3) 次に，スイッチ S を開いた<u>瞬間</u>にコイルの両端に発生する電圧 V はいくらか。

解説 (1) スイッチ S を閉じると，電流はコイル L に向かって急に流れ込もうとするね。しかし，コイルはその変化を許さずに急に流れ込むのを妨げようと上向きで正の起電力を発生するんだ。この起電力によって，S を閉じた直後も一瞬は L を流れる電流は 0 のままとなるよ。よって，R_1, R_3 のみに電流は流れるね。

図 a で，$\circlearrowleft$：$+ I_0R_1 + I_0R_3 - E = 0$

$$\therefore \quad I_0 = \frac{E}{R_1 + R_3} \cdots\cdots \text{答}$$

図 a

(2) 今回は十分時間後なので，L を流れる電流は一定におちつくね。よって，$\frac{dI}{dt} = 0$ となるので，L はもはや「ただの導線」と同じになるよ。図 b で，

$\mathcal{T}$：$+ I_1R_1 + (I_1 + I_2)R_3 - E = 0$

$\mathcal{T}$：$+ I_1R_1 - I_2R_2 = 0$

$$\therefore \quad I_1 = \frac{R_2E}{R_1R_2 + R_2R_3 + R_3R_1} \cdots\cdots \text{答}$$

$$I_2 = \frac{R_1E}{R_1R_2 + R_2R_3 + R_3R_1} \cdots\cdots \text{①}$$

図 b

(3) S を開いた瞬間，L を流れる電流 I_2 は止まろうとするが，この瞬間，コイルはどんな状態になっているかい？

えーと，瞬間だから，コイルは「イヤ！」と電流を流しません。

違うぞ！　何が「イヤ！」なの？変化がイヤなんでしょ。今の場合は，それまで流れていた電流 I_2 が止まるのがイヤなんだよ。だから，L には I_2 が止まるのを妨げようと下向きで正の起電力 V が発生するんだ。この起電力によって，S を開いた直後も，一瞬は L を流れる電流は I_2 のまま

図 c

となる。ここで，コイルを流れる電流 I_2 は，スイッチの切れている電池のほうへは流れないので，すべて R_1 のほうへ流れ，図 c のように R_1 を流れる電流は上向きに I_2 となるね。

$\circlearrowleft$：$+ I_2R_1 + I_2R_2 - V = 0$

$$\therefore \quad V = \underbrace{I_2(R_1 + R_2)}_{\text{①より}} = \frac{R_1(R_1 + R_2)E}{R_1R_2 + R_2R_3 + R_3R_1} \cdots\cdots \text{答}$$

1 コンデンサーはどこにエネルギーを蓄えているのか？

で見たように，コンデンサーは，その中に静電エネルギーを蓄えることができたね。では，その静電エネルギーを一体どこに蓄えているのかな？

 どこにって聞かれても困ります。コンデンサーの電気の中ですか？

じつは，ここで大切な見方があるんだ。それは，

> 電場や磁場は，それ自身がエネルギーのカタマリである。

というもので，何と，電場や磁場そのものがエネルギーをタップリ，ジューシーに(笑)含んだ空間だということだ。

すると，**図11**のように，コンデンサーは，その中に発生している電場 E の中にエネルギーを蓄えているということになる。

一方，コイルに電流を流すと，磁場 H が発生するね。ということは……

図11　コンデンサーは電場中にエネルギーを蓄える

あ！　コイルの磁場中にエネルギーが蓄えられます！　**図12**です。

それがまさに，コイルの磁気(じき)エネルギーのイメージなのだ。

図12　コイルは磁場中にエネルギーを蓄える

2 コイルの磁気エネルギー

⑩で，コンデンサーの静電エネルギー $U = \dfrac{1}{2}CV^2 = \dfrac{1}{2}\dfrac{Q^2}{C}$ の式を導くときに，コンデンサーを電気量が $0\,\mathrm{C}$ から $Q\,[\mathrm{C}]$ まで充電するのに投入した仕事を計算することで説明したね。

同じようにコイルの電流 i を $0\,\mathrm{A}$ から $I\,[\mathrm{A}]$ まで増やすときに，電源が投入する仕事を計算することで，コイルの磁気エネルギーの公式を導いてみよう。

まず，**図13** の回路で特殊な電源によって，自己インダクタンス L のコイルに，**図14** のように時刻 t とともに増大する電流 i を強制的に流していこう。

このとき，コイルに発生している誘導起電力 V は，◆POINT❶◆ (p.244)の式より，

$$V = L\frac{di}{dt}$$
　　　　　$\underbrace{\phantom{L\frac{di}{dt}}}_{\text{図14の } i\text{-}t \text{ グラフの傾き}}$

$$= L \times \frac{I\,[\mathrm{A}]増加}{T\,[\mathrm{s}]で} \cdots\cdots ①$$

これは，**図13** より，電源の電圧 V と等しいね。

一方，この $t = 0$ から $t = T\,[\mathrm{s}]$ までの間に，電源が「持ち上げた」電気量を Q とするよ。この電気量 Q は **図14** の，i-t グラフの下の面積と等しいので，

$Q =$（**図14** の i-t グラフの下の面積）

$$= \frac{1}{2} \times \underbrace{T}_{\substack{\text{図14の}\\\text{三角形}\\\text{の底辺}}} \times \underbrace{I}_{\text{高さ}} \cdots\cdots ②$$

図13

電流 i（1秒あたりに通過する電気量）

傾き $\dfrac{di}{dt} = \dfrac{I}{T}$

i-t グラフの下の面積は通過電気量 Q

時刻 t

図14

この T 秒間の間に電源がした仕事 W は ⑭ (p.181) より,

$$W = \underset{\substack{\text{電源が}\\\text{持ち上げた}\\\text{電気量}}}{\underline{Q}} \times \underset{\text{起電力}}{\underline{V}} \underset{①②より}{=} \frac{1}{2}TI \times L\frac{I}{T} = \boxed{\frac{1}{2}LI^2}$$

これが，コイルの磁気エネルギーとして蓄えられているんだ。

・POINT ④ コイルの磁気エネルギー

自己インダクタンス L のコイルに電流 I が流れているとき，コイルに発生している磁場中には，

$$U = \frac{1}{2}LI^2$$

の磁気エネルギーが蓄えられている。

チェック問題 2 コイルの磁気エネルギー 📖 **易 1分**

p.248の チェック問題 1 の (3) でスイッチ S を開いてから十分に時間が経ち，電流が 0 となるまでの間に抵抗 R_1, R_2 で発生するジュール熱の和 J はいくらか。電流 I_2 を用いて答えよ。

解説 (3)でコイルに蓄えられていた磁気エネルギーが，最終的に抵抗で発生したジュール熱 J として失われたので，

$$J = \frac{1}{2}LI_2^2 \quad \cdots\cdots 答$$

STORY④ 変圧器のしくみ

スマホの充電器や，パソコンのアダプタってどうやって，コンセント
の 100 V の電源から 6 V や 19 V へ電圧を変換させているんだろうね。

次の問題を解きながらそのしくみを見ていこう。そのままテストに
出るオイシイ問題だよ。しっかりと自力で導けるようにしておこうね。

チェック問題 ③ 変圧器，インダクタンス 　　　標準 **15分**

図のように，鉄しん(断面
積 S，透磁率 μ)に 1 次コイ
ル C_1(長さ l，N_1 回巻き)と
2 次コイル C_2(N_2 回巻き)が
巻いてある。鉄しんからの磁
束のもれやエネルギーの損失はないものとする。

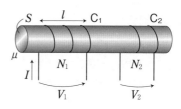

(1) C_1 に図のように電流 I を流すときに，コイル 1 巻きあた
りを貫いている磁束 Φ を求めよ。

(2) この電流を時間 Δt の間に ΔI だけ増加させた。このとき，
C_1，C_2 全体に生じる起電力 V_1，V_2 を求めよ(右端を基準
とする)。

(3) C_1 の自己インダクタンス L，C_1 と C_2 の間の相互インダ
クタンス M はいくらか。

(4) V_1 と V_2 の比を求めよ。

解説 (1) 図 a のように電流 I
を流すと，《右手のグー》(p.203)
より，コイル中には右向きに大
きさ

$$H = \frac{N_1}{l} I \ \cdots\cdots ①$$

1 m あたりの巻き数

の磁場が生じるね。

図 a

鉄しんの透磁率は μ なので，コイル中に生じている磁束密度は，

$$\boxed{B = \mu \times H} \underset{\text{①より}}{=} \mu \frac{N_1}{l} I \cdots\cdots ②$$

となる。これは $1\,\mathrm{m}^2$ あたりを貫く磁束線の本数なので，コイルの面積 $S\,[\mathrm{m}^2]$ を貫く磁束線の本数，つまり磁束 Φ はその S 倍で，

$$\boxed{\Phi = B \times S} \underset{\text{②より}}{=} \frac{\mu N_1 S}{l} \times I \cdots\cdots ③ \quad\cdots\cdots \textbf{答}$$

となる。

(2) 電流 I を増すと，**図b**のように，《右手のグー》より，右向きに貫く磁束 Φ も増加する。そのとき，③式より，Φ は I に比例して増加していくね。

図 b

すると《電磁誘導の法則》より，**図c**のように，Φ の増加を妨げようと左向きに磁場 H' をつくろうとして，《右手のグー》で電流 I' を流そうとするね。

そのためには**図d**のように，C_1，C_2 の各 1 巻きごとに起電力 v が発生する必要がある。

その大きさは，p.226より，

$$\boxed{v = \frac{d\Phi}{dt}}$$

となるね。

ここで，数学の質問だ。$\Phi = 3t^2$ を t で微分したらいくらになる？

図 c

図 d

えーと，$\dfrac{d(\overset{\cdot}{3}t^2)}{dt} = \overset{\cdot}{3} \times \dfrac{d(t^2)}{dt} = \overset{\cdot}{3} \times 2t = 6t$ です。

いまキミは，定数の $\overset{\cdot}{3}$ は全く微分と関係ないので外へ出したね。全く同じように，③式の

$$\Phi = \underbrace{\dfrac{\mu N_1 S}{l}}_{\text{定数}} \times I$$

を t で微分しても，定数は外へ出してしまってよいので，

$$v = \dfrac{d\Phi}{dt} = \underbrace{\dfrac{\mu N_1 S}{l}}_{\text{定数}} \times \dfrac{dI}{dt} \cdots\cdots ④$$

となる。

最後に，**図d**の各1巻きごとに発生した起電力 v を，C_1，C_2 全体にわたって足していこう。**図d**では，1つひとつの v は直列つなぎ，それとも並列つなぎになっている？

高　　　　低　　　高　　　　低

V_1　　　　　　V_2

図e

直列につながっているので，**図e**のように足して，大きな1つの電池とします。

そうだ。そこで，起電力 v を N_1 回直列つなぎで足し上げたコイル C_1 全体の起電力 V_1 は，

$$\boxed{V_1 = v \times N_1 \,回} \cdots\cdots ⑤$$

$$\underset{④より}{=} \dfrac{\mu N_1^2 S}{l} \times \dfrac{dI}{dt} \cdots\cdots ⑥$$

同様に C_2 全体に発生する起電力 V_2 は，

$$\boxed{V_2 = v \times N_2 \,回} \cdots\cdots ⑦$$

$$\underset{④より}{=} \dfrac{\mu N_1 N_2 S}{l} \times \dfrac{dI}{dt} \cdots\cdots ⑧$$

ここで，$\dfrac{dI}{dt}$ とは，「1秒あたりの I の変化」を表すので，本問では，

$$\frac{dI}{dt} = \frac{\varDelta I \text{〔A〕増加}}{\varDelta t \text{〔s〕で}} = \frac{\varDelta I}{\varDelta t} \cdots\cdots ⑨$$

としてよいね。⑥，⑧，⑨より求める答は，

$$V_1 = \frac{\mu N_1^2 S}{l} \times \frac{\varDelta I}{\varDelta t} \cdots\cdots 答$$

$$V_2 = \frac{\mu N_1 N_2 S}{l} \times \frac{\varDelta I}{\varDelta t} \cdots\cdots 答$$

(3) 自己インダクタンス L の定義を思い出して？

えーと，p.244でやったように，$V = L \times \dfrac{dI}{dt}$ の比例定数 L です。

すると，⑥式では，

$$V_1 = \underbrace{\frac{\mu N_1^2 S}{l}}_{\text{比例定数}} \times \frac{dI}{dt}$$

だから，自己インダクタンス L は，

$$L = \frac{\mu N_1^2 S}{l} \cdots\cdots 答$$

となるね。全く同じように，相互インダクタンス M は⑧式より，

$$V_2 = \underbrace{\frac{\mu N_1 N_2 S}{l}}_{\text{比例定数}} \times \frac{dI}{dt}$$

の比例定数より，

$$M = \frac{\mu N_1 N_2 S}{l} \cdots\cdots 答$$

となるんだ。

どうして，相互インダクタンス M というの？

それは，コイル C_2 に起電力 V_2 が生じるのは，相手のコイル C_1 の電流 I の変化がつくる磁束 $\varPhi$ の変化が原因となるからだ。

(4) ⑤と⑦式より，V_1 と V_2 との比は，

$$V_1 : V_2 = vN_1 : vN_2 = N_1 : N_2 \cdots\cdots ⑩ \quad \cdots\cdots 答$$

この答は何を表している？

> ハイ，2つのコイル C_1，C_2 に発生する起電力 V_1，V_2 の比は，巻き数 N_1，N_2 の比と等しくなるということです。

そうだね。じつに単純な結果だね。

例えば，スマホの充電器で 100 V から 6 V へ電圧を変換したいときには，$V_1 : V_2 = N_1 : N_2 = 100 : 6$ の巻き数の比にすればいいんだね。⑩式を変圧器の式というよ。

スマホの充電器やパソコンのアダプタというのは，じつに単純な原理ではたらいているんだよ。

・POINT ⑤ **変圧器とインダクタンス**

1巻きあたりの誘導起電力 v

N_1回巻き　　　　　　　N_2回巻き

I

V_1　　　　　　V_2

$$V_1 = v \times N_1回 = L \times \frac{dI}{dt} \quad (L：自己インダクタンス)$$

$$V_2 = v \times N_2回 = M \times \frac{dI}{dt} \quad (M：相互インダクタンス)$$

$$V_1 : V_2 = N_1 : N_2 \quad (変圧器の式)$$

① コイルの自己インダクタンス L

誘導起電力
$$V = L\frac{dI}{dt} = \begin{cases} I\text{増のとき } V > 0 \text{（増えるのイヤ！）} \\ I\text{減のとき } V < 0 \text{（減るのイヤ！）} \\ I\text{一定のとき } V = 0 \text{　（ただの導線）} \end{cases}$$

I

② コイルを含む回路のスイッチ切りかえ
　コイルを流れる電流は決して不連続に変化できない。
必ずその直前の電流を一瞬は保つ。

③ コイルの磁気エネルギー U
　コンデンサーがその電場の中に静電エネルギーを蓄えるように，コイルはその磁場の中に磁気エネルギー U を蓄える。

$$U = \frac{1}{2}LI^2$$

④ 変圧器とインダクタンスのそのまま出るストーリー

$$V_1 = v \times N_1\text{回} = L \times \frac{dI}{dt} \quad (L：自己インダクタンス)$$

$$V_2 = v \times N_2\text{回} = M \times \frac{dI}{dt} \quad (M：相互インダクタンス)$$

$$\boxed{V_1 : V_2 = N_1 : N_2} \quad （変圧器の式）$$

コイルは変化を
イヤがるけれど，
キミたちは，この本で
大きく学力アップをし
てくれよ！

電気振動回路

▲コイル L とコンデンサー C の間でのエネルギーのキャッチボールだ

STORY① 電気振動って何？

1 コンデンサーにコイルをつけて放電したら？

図1のように，満タンに充電した(電気量 Q_{max})コンデンサー(容量 C)に，コイル(自己インダクタンス L)をつなげてスイッチを ON すると，いったい全体何が起こるんだろうか？

じつは，力学でやった，「ばね振り子」ととてもよく似ている現象が起こるんだ。

それを「電気振動」という。電気振動回路は，無線LANやスマホなど電磁波を発振する装置に数多く使われているよ。

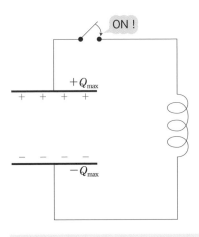

図1 コンデンサーにコイルをつなげて放電

2 まずは，ばね振り子をイメージしよう。

図2のように，質量 m のおもりがばね定数 k のばねによって単振動する様子を，⑦，⑦，⑦の3コママンガでイメージしよう。自然長を $x=0$ の原点とした x 軸を立てるよ。

まず，⑦で，$x=x_{max}$ から手放された直後，おもりは急には動けない（「慣性」より）ので，その速さは0だね。このときのエネルギーは，すべてばねの弾性エネルギーとして蓄えられているよ。

やがて，⑦で $x=0$ を通過したおもりには，ばねの力も何もはたらいてはいないけど，急には止まれない（「慣性」より）ので，そのまま進んでいくね。このとき，エネルギーはすべて運動エネルギーとなっているので，おもりは，最大の速さ $v=v_{max}$ をもっているよ。

ついに，⑦のように $x=-x_{max}$ に達したところで，再びエネルギーはすべて弾性エネルギーとなるので，おもりの速さは $v=0$ となって，一瞬止まり，折り返すね。

以上を，次の電気振動と比べてみよう。

図2　ばね振り子

3 電気振動の「3コママンガ」

次のように，**図1**のスイッチ S
を閉じた後に起きる現象を**図3**の
㋐，㋑，㋒の「3コママンガ」で
見てみよう。

| まず |，㋐でスイッチを閉じた
直後，満タンのコンデンサーは，
一気に「放電スタート！」しよう
とする。しかし，コイルには
p.241で見たように，電流 I が急
に増えるのを妨げる誘導起電力が
生じるので，電流は一瞬は $I = 0$
のままだね。エネルギーはまだす
べてコンデンサーの電場中に静電

エネルギー $\dfrac{1}{2}\dfrac{Q_{\max}{}^2}{C}$ として蓄え

られているよ。

| やがて |，だんだんと放電してい
き，㋑のようにコンデンサーがカ
ラになると，もうこれ以上放電で
きないので，電流 I は急に止まろ
うとするが，コイルはそれを許さ
ないので，そのまま電流は流れ続
ける。ちょうどこのとき，エネル
ギーはすべてコイルの磁場中に磁

気エネルギー $\dfrac{1}{2}LI_{\max}{}^2$（ **19** p.252で見た）として蓄えられているので，

コイルには最大電流 $I = I_{\max}$ が流れている。そして，この電流によっ
て，今後コンデンサーの下の極板に正の電気がたまっていく。

$\boxed{\text{ついに}}$，⑦のように，コンデンサーに⑦とは異符号の電気 $Q_{\max}$ がたまると，コンデンサーには⑦と同じ $\dfrac{1}{2}\dfrac{Q_{\max}^2}{C}$ の静電エネルギーが蓄えられる。このとき，コイルの磁気エネルギーは再び 0 に戻るので，コイルの電流は $I=0$ になる。

⑦の後，再び，⑦とは逆向きの放電が始まる。そして，⑦と逆向きの最大電流 $I_{\max}$ となり，再び⑦に戻る。

図3 電気振動

以上をくり返し，電気振動が起こるんだ。

 なんだか電気振動というより，コンデンサーとコイルの間の「エネルギーのキャッチボール」みたいですね。

すばらしい見方だ。じつは，そのエネルギーのやりとりこそが電気振動の本質だよ。だから，本当は「電気振動」なんて言わずに「エネルギー振動」と名づけたほうがいいぐらいなんだ。

4 ばね振り子と電気振動の対応

では，ここでもう一度**図2**と見比べて質問だ。図2のばね振り子の座標 x と速さ v を，図3の電気振動の電気量 Q と電流 I と比べると，とっても似た変化の仕方をしているものがあったね。それは何と何かな？

 ハイ！　図2の x と図3の Q はどっちも⑦と⑦とで最大，⑦で 0 で対応。そして，図2の v と図3の I は⑦と⑦で 0，⑦で最大でとってもよく対応しています！

その通り！　じゃあ，**エネルギー**はどんな対応をしていたかい？

ハイ！ 図2の$\frac{1}{2}kx^2$と図3の$\frac{1}{2}\frac{Q^2}{C}$は，どちらも⑦と⑦で最大，⑦で0でした。また，図2の$\frac{1}{2}mv^2$と図3の$\frac{1}{2}LI^2$は，どちらも⑦と⑦で0，⑦で最大です。ホントによく対応してますね。

その通りだ。よって，次のような，エネルギー保存の対応がわかり，①，②，③，④の対応が見えてきたね。

▶ばね振り子の
　エネルギー保存　　$\underset{\text{\textasciitilde}}{\frac{1}{2}}\ \underset{\text{\textasciitilde}}{m}\ \underset{\text{\textasciitilde}}{v}\ ^2 + \underset{\text{\textasciitilde}}{\frac{1}{2}}\ \underset{\text{\textasciitilde}}{k}\ \underset{\text{\textasciitilde}}{x}\ ^2 = （一定）$

$$\uparrow\downarrow \quad \uparrow\downarrow \qquad\qquad \uparrow\downarrow \quad \uparrow\downarrow$$
$$① \quad\ ② \qquad\qquad ③ \quad\ ④$$

▶電気振動の
　エネルギー保存　　$\underset{\text{\textasciitilde}}{\frac{1}{2}}\ \underset{\text{\textasciitilde}}{L}\ \underset{\text{\textasciitilde}}{I}\ ^2 + \underset{\text{\textasciitilde}}{\frac{1}{2}}\ \underset{\text{\textasciitilde}}{\frac{1}{C}}\ \underset{\text{\textasciitilde}}{Q}\ ^2 = （一定）$

このうち，①，②の対応はどうイメージできるかな？

ハイ！ 質量mが大きいほど速度vが変化しづらいのと同じで，インダクタンスLが大きいほど電流Iが変化しづらくなります。

そうだね，mとLはどちらも「変化のしにくさ」（慣性）を表す量（p.241）なんだね。では，③，④の対応はどんなイメージかい？

えーと，ばね定数kが大きいほど，すぐに$x = 0$に戻るように，$\frac{1}{C}$が大きい。つまり容量Cが小さいほどすぐ放電しちゃって，$Q = 0$に戻ってしまいます。

そうだ。kと$\frac{1}{C}$はどちらも0に戻ろうという「復元力」の強さを表す量なんだね。

ここで，さらに，水平ばね振り子の周期公式から電気振動の周期公式を導いてみると，

▶ばね振り子の周期　$T = 2\pi\sqrt{\dfrac{m}{k}}$

$\updownarrow$　①③より $m \to L$，$k \to \dfrac{1}{C}$ とおきかえた

▶電気振動の周期　$T = 2\pi\sqrt{\dfrac{L}{\dfrac{1}{C}}} = 2\pi\sqrt{LC}$

となることがわかるね。

　以上の水平ばね振り子と，電気振動の対応関係は，**テストでよくネラわれる**から，しっかりまとめておこう。

　ちなみに，電気振動回路というのは，特定の周波数（振動数）$f = \dfrac{1}{T} = \dfrac{1}{2\pi\sqrt{LC}}$ の電磁波を発振する装置として，無線通信などでフル活用されているよ。

・POINT ① ・ ばね振り子と電気振動の対応							
ばね振り子	x	v	m	k	$\dfrac{1}{2}mv^2$	$\dfrac{1}{2}kx^2$	$T = 2\pi\sqrt{\dfrac{m}{k}}$
対応							
電気振動	Q	I	L	$\dfrac{1}{C}$	$\dfrac{1}{2}LI^2$	$\dfrac{1}{2}\dfrac{Q^2}{C}$	$T = 2\pi\sqrt{LC}$

抵抗値 R の抵抗，容量 C のコンデンサー，起電力 E の電池，スイッチ S_1，S_2 からなる回路がある。次の (1), (2)でインダクタンス L のコイルを上から下に流れ

る電流 I を正として，電流の時間変化のグラフをかけ。

(1) S_2 を開き，S_1 を入れ，十分時間後に，S_1 を開き，S_2 を閉じるときを時刻 0 とする。

(2) S_2 を閉じたまま S_1 を入れ，十分時間後に，S_1 を開くときを時刻 0 とする。

解説 (1) まず，S_1 を入れて十分時間後，C は電位差 E となり，電気量が CE，静電エネルギーが $\frac{1}{2}CE^2$ たまっている。

ここで**図a**のように，S_1 を開いてから，S_2 を閉じた直後$(t = 0)$，L には急に電流は流れないので，$I = 0$ となる。

ここから，周期 $T = 2\pi\sqrt{LC}$ の電気振動(エネルギー振動)が始まる。

やがて，完全に放電し，**図b**のようにコンデンサーのエネルギーが 0 となったとき，逆にコイルの磁気エネルギーは最大 $\frac{1}{2}LI_{max}{}^2$ となる。

図aと**図b**のエネルギー保存より，

図a $t = 0$

図b $t = \dfrac{1}{4}T$

$$\frac{1}{2}CE^2 = \frac{1}{2}LI_{max}^2$$

$$\therefore \quad I_{max} = \sqrt{\frac{C}{L}}E$$

となるね。このときの時刻が，

$t = \frac{1}{4}T = \frac{\pi}{2}\sqrt{LC}$ だ。

図c $\quad I_{max} = \sqrt{\dfrac{C}{L}}E$

やがて，$t = \frac{1}{2}T$ で，再びコンデンサーのエネルギーが最大 $\frac{1}{2}CE^2$ に戻ると，コイルのエネルギーは 0 に戻り，$I = 0$ に戻るよ。

その後，電流 I は逆流（$I < 0$）して再び**図a**へ戻っていく。

以上の変化を I-t グラフにすると，**図c**のようになる。……答

(2)　S_2 を閉じたまま S_1 を入れて十分に時間が経つと，**図d**のように，コイルには一定電流 $I_0 = \dfrac{E}{R}$ が流れるので，$\dfrac{dI}{dt} = 0$ となり，コイルには誘導

図d $\quad \circlearrowleft : I_0R - E = 0$

起電力が生じないので，「ただの導線」となる。よって，それに並列につながっているコンデンサーの電位差も 0 で，電気量も 0 となるね。

ここで，S_1 を開いた直後（$t = 0$）**図e**のように，L の電流は急には減らないので，L には電流 $I_0 = \dfrac{E}{R}$ が流れたままとなるね。

しかし，電流は S_1 の切れている電池側へは流れないので，すべてコンデンサーの下側の極板へと流れ込むしかない。**図e**は，(1)の，どの図の状況に似ているかな？

えーと，コンデンサーの下側へ流れ込む……確かあったあった。そう！　**図b**といっしょです。

すると，求めるグラフは，**図c** の $t = \dfrac{1}{4}T$ から始まり，$I_{max} = \dfrac{E}{R}$ としたものに相当するので，**図f** のようになるよ。……答

図f　$I_{max} = \dfrac{E}{R}$

エネルギーのキャッチボールに注目しよう！

第 20 章
まとめ

① 電気振動の「3コママンガ」

ⓐ $t=0$　　　　ⓘ $t=\dfrac{1}{4}T$　　　　ⓤ $t=\dfrac{1}{2}T$

※ コンデンサーとコイルの間のエネルギーのキャッチ
ボールとイメージしよう。

※ ⓘから振動がスタートすることもある（ チェック問題 1 の(2)）。

② ばね振り子と電気振動の対応関係

ばね振り子	電気振動
座標 x	電気量 Q
速度 v	電流 I
質量 m	自己インダクタンス L
ばね定数 k	容量の逆数 $\dfrac{1}{C}$
エネルギー保存 $\dfrac{1}{2}mv^2+\dfrac{1}{2}kx^2=$ 一定	エネルギー保存 $\dfrac{1}{2}LI^2+\dfrac{1}{2}\dfrac{Q^2}{C}=$ 一定
周期 $T=2\pi\sqrt{\dfrac{m}{k}}$	周期 $T=2\pi\sqrt{LC}$

第21章 交流回路

▲コイル L，コンデンサー C，抵抗 R の性格の違いに注目

STORY1 // まずは交流の用語に慣れよう

1 電磁気は用語の定義が命！

ここまでずいぶんと電磁気の勉強をしてきたけど，電磁気の勉強で大切なことって何だったかな？

 やっぱり，用語の定義を押さえることですよ。電位，電流などの定義がしっかりしていると，1つひとつの考えが明確につながります。

全くその通りだね。そこで，この交流もしっかりと用語を定義して，その用語に十分慣れることから始めよう。

2 交流の用語

 そもそも，交流って何ですか？

ひと言でいえば，電流や電圧が時刻 t の関数として，三角関数の形で書けるものを交流というんだ。交流の１つの例として，たとえば，図１のような装置について，

$$\begin{array}{l} 電流 i = I \times \sin\omega t \\ 電圧 v = V \times \sin(\omega t + \theta) \end{array}$$ …★

となっているとしよう。sin，cos が出てきても難しく感じる必要はないよ。大切なのは用語の定義だ。

図１

　まずは，４つの用語を定義するよ。

① 時刻 t での瞬間値
　上の★で，i や v は時刻 t の瞬間の電流と電圧の値を表すね。それを，時刻 t での瞬間値という。

② 振幅（最大値）
　上の★の i や v は，図２のように時間変化する。図２のグラフの最大値は，I および V となっている。これは，波動の言葉で言えば，何に相当するかい？

波の振幅です。

　そこで，この I や V のことを振幅というんだ。

　また，$\dfrac{I}{\sqrt{2}}$，$\dfrac{V}{\sqrt{2}}$ という（振幅）÷ $\sqrt{2}$ のことを実効値

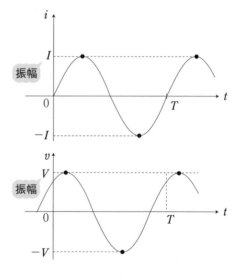

図２　★のグラフ

という。単に「交流 100 V」ときたら，それは実効値が 100 V（振幅は $100\sqrt{2} \fallingdotseq 141$ V）のことになるよ。

③ 位相（いそう）

★で三角関数の角度部分 ωt や $(\omega t + \theta)$ を位相という。位相の単位はもちろん [rad] だ。もう一度★を書いてみると，

$$i = I\sin \boxed{\omega t}$$

位相

$$v = V\sin \boxed{(\omega t + \theta)}$$

このとき，i の位相と v の位相どっちが大きいかな？

ハイ！ i の位相(ωt)よりも，v の位相$(\omega t + \theta)$のほうが θ だけ大きいです。

そのことを，

> v のほうが i よりも位相が θ だけ進んでいる

と言うことにするよ。

何で位相が大きいと進んでいることになるのですか？

例えば，**図3**のように，$y = \sin\theta$ と $y = \sin\left(\theta + \dfrac{\pi}{2}\right) = \cos\theta$ のグラフをかいてみると，$\cos\theta$ のグラフのほうが先に最大値をとり，それから遅れて，$\sin\theta$ のグラフが最大値をとっているね。

つまり，位相 θ が $\dfrac{\pi}{2}$ だけ大きいと，角度にして $\dfrac{\pi}{2}$ だけ進んで変化が起こるんだ。

逆に，位相が小さくなってしまうとき，位相が遅れているというよ。

図3 位相が進むとは

④ 角周波数

★の例で，ω（オメガ）のことを**角周波数**という。

ωって，力学の円運動の角速度ωや，単振動の角振動数ωと何か関係があるのですか？

　関係大ありだよ。単振動とは，「等速円運動を真横から見た往復運動」だったよね。そして，その運動の時間変化は，**図4**のように三角関数のグラフを使って表せたよね。これは，全く交流の時間変化と同じでしょ。

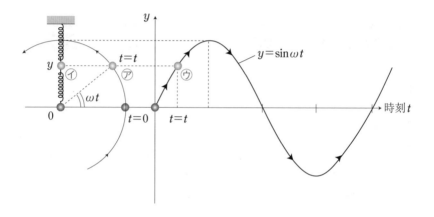

図4　㋐円運動　㋑単振動　㋒交流の時間変化

　すると，交流の周期T（電流，電圧が1回振動するのにかかる時間）は，対応する円運動が1周回転する時間と同じなので，

$$T = \frac{1\,周の回転角\,2\pi}{1\,秒あたりの回転角\,\omega} = \frac{2\pi}{\omega}$$

となるよ。

　また，1秒あたりの振動数（周波数f）は周期の逆数であり，

$$f = \frac{1}{T} = \frac{\omega}{2\pi}$$

となるんだね。

　以上の4つの用語をまとめると，

例　電流 $i = I \sin \boxed{\omega t}$　　電圧 $v = V \sin \boxed{(\omega t + \theta)}$

① i, v：時刻 t での瞬間値

② I, V：振幅（最大値），（振幅 $\div \sqrt{2}$ ：実効値）

③ $\boxed{\text{位相}}$（v のほうが i より θ だけ進んでいる）

④ ω：角周波数$\left(\text{周期 } T = \dfrac{2\pi}{\omega}, \text{ 周波数 } f = \dfrac{1}{T} = \dfrac{\omega}{2\pi}\right)$

チェック問題 1 〉 交流の用語　　　　易 2分

$$i = 3 \sin 50\pi t \ \text{[A]}$$

$$v = 6 \cos\left(50\pi t + \frac{\pi}{2}\right) \text{[V]}$$

という瞬間値で表される交流電流 i，交流電圧 v がある。

(1) i, v の振幅 I, V　(2) i と v の角周波数 ω　(3) v は i より

いくら位相が進んでいるか，または遅れているかを答えよ。

解説　(1)　$I = 3\,\text{A}$, $V = 6\,\text{V}$ ……答　　(2)　$\omega = 50\pi$ 〔rad/s〕……答

(3)　やってみて。

> カンタンカンタン。v は i よりも $\dfrac{\pi}{2}$ だけ進んでいます。

　　ブブー！　sin の位相と cos の位相を比べてどうするの！　両方とも，
sin にそろえてから比べるんだぞ。

$$\cos\left(\theta + \frac{\pi}{2}\right) = -\sin\theta = \sin(\theta \pm \pi) \text{により}$$

$$v = 6 \sin(50\pi t \pm \pi)$$

よって，v は i より π だけ進んでいる。……答

（「π だけ遅れている。」と答えても可）

1 コンビニで弁当を買うときに……

キミが，友達と何人かでコンビニでお弁当を買うとしよう。そのときの選び方で，3タイプの性格に分かれるね。

① いつも，ガンコに自分のお決まりだけを買う人(変化イヤ！)
② 新製品が出ると，必ずそれに変えて買う人(変化大好き)
③ とくにこだわりはなく，その場に応じて買う人(素直な性格)

今度から，キミは，①の友達を「コイル君」，②の友達を「コンデンサー君」，③の友達を「抵抗君」とアダ名をつけよう。

それはどうしてですか？

それは，交流回路で，変化する電圧を抵抗，コイル，コンデンサーに加えたときの「リアクション」を見ると，おもしろいように違いがわかるんだ。

2 抵抗，コイル，コンデンサーに交流電圧を加える

図5のように，交流電圧 $v = V\sin\omega t$ を抵抗値 R の抵抗 R，自己インダクタンス L のコイル L，容量 C のコンデンサー C に加えたとき，それぞれに流れる電流 i_R，i_L，i_C を比べてみよう。⊗は交流の電源を表すよ。

すべてに共通の電圧 $v = V\sin\omega t$ を加える

図5　流れる電流 i_R，i_L，i_C にはどのような違いが出るか？

3 抵抗 R は素直な性格

図6のように，抵抗 R に，電圧
$v = V\sin\omega t$ ……①　を加えるときに，流れ
る電流 i_R はどのようにして求めるかい？

> 抵抗といえば，オームの法則
> ですよ。

図6　抵抗と交流

すると，オームの法則 $v = i_R R$ より，

$$i_R = \frac{v}{R} \underset{\text{①より}}{=} \boxed{\frac{V}{R}} \sin\omega t \text{ ……②}$$

となるね。この(i)振幅と(ii)位相についてまとめよう。

(i) **電流の振幅について**

②より電流 i_R の振幅 I_R は，

$$I_R = \boxed{\frac{V}{R}}$$

で，$R \to$ 大ほど，$I_R \to$ 小となって，抵抗が大きいほど流れにくくなるんだね。

(ii) **電圧と電流の位相のずれについて**

①，②式を横軸 t のグラフにすると，**図7**のようになる。すると，電流 i_R は加えた電圧 v に応じて同じタイミング(位相のずれなし)で素直に変化しているね。

図7　抵抗の電圧と電流

• POINT 2 • 抵抗に流れる交流電流 i_R

電圧 $v = V\sin\omega t$ を加えるとき

電流 $i_R = \dfrac{V}{R} \times \sin\omega t$ が流れる

電圧 v と
同じ位相

R→大ほど，振幅→小
（オームの法則そのもの）

　さて，重要なのは，次から見ていくコイル L とコンデンサー C だ。これらは，抵抗 R とは違って，電流の流れやすさが角振動数 ω によって変化していき，電流の位相と電圧の位相にずれが生じていく。

　これからの話では，少し数学の知識が必要なところが出てくるけど，大切なのは，物理的イメージだからね！　では，いよいよ，おもしろい性質を示すコイル L とコンデンサー C について，見ていこう。

これからが
勝負だよ。

4 コイル L は変化を嫌う性格

図8のようにコイル L に，電圧
$v = V\sin\omega t$……③　を加えるときに流れ
る電流 i_L を求めよう。

まず，《コイルの自己インダクタンス》
(p.244)の式より，v と i_L の間には，

$$\boxed{v = L\frac{di_L}{dt}} \quad\text{……④}$$

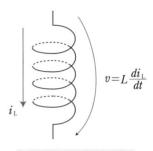

図8　コイルと交流

の関係があったのは覚えているかい？　ここで，この式を変形して，

$$\frac{di_L}{dt} = \underset{\text{③より}}{\underbrace{\frac{v}{L}}} = \frac{V}{L}\sin\omega t \quad\text{……⑤}$$

さて，この⑤式をみたすことができる i_L を求めてみよう。

ここで，ちょっと数学の問題だ。t で微分して $\sin\omega t$ になるのはな～んだ？

> t で微分して $\sin\omega t$ になるのは，え～と，そう！
> $-\cos\omega t$ です。

おしい！　$-\cos\omega t$ を t で微分すると，ω が1つ外に出てくるから，
$\omega\sin\omega t$ となるね。だから，正解は，$-\dfrac{1}{\omega}\cos\omega t$ だ。

すると，上の⑤式をみたす i_L は，次のようになるね。

$$i_L = \frac{V}{L}\times\left(-\frac{1}{\omega}\cos\omega t\right) \qquad \text{⑤に代入して確かめてみてね}$$

ここで，$-\cos\omega t = \sin\left(\omega t - \dfrac{\pi}{2}\right)$ だから，

$$i_L = \boxed{\frac{V}{\omega L}}\sin\left(\omega t - \frac{\pi}{2}\right) \quad\text{……⑥}$$

となるね。この(i)振幅と(ii)位相についてまとめよう。

(i) 電流の振幅について

⑥式より，コイルを流れる電流 i_L の振幅 I_L は，

$$I_L = \boxed{\dfrac{V}{\omega L}}$$

となる。この式より $\omega L \to$ 大ほど，$I_L \to$ 小となることがわかるね。

つまり，角周波数 ω が高くて，自己インダクタンス L が大きいほど，電流は流れにくくなるんだね。これはどのようなイメージかな？

> インダクタンス L が大きいコイル，つまり，変化が大っ嫌いなコイルに，角周波数 ω が大きい，激しく変化する電流という最悪の組み合わせだ～！　イヤイヤイヤイヤイヤイヤイヤイヤ……！　と妨げられて，ほとんど電流が流れなくなっちゃいます。

このように，コイルは電流の変化がとても嫌いなんだね。

(ii) 電圧と電流の位相のずれについて

次に③と⑥を，**図9**のようにグラフにして比べてみよう。

図9　コイルの電圧と電流

図9より i_L のほうが v よりも $\dfrac{\pi}{2}$ だけ位相が遅れることがわかるけど，これはどんなイメージなのか見てみよう。

まず，コイルは電流を急に流すことができるかな？

> いいえ。まずイヤ！ と妨げる起電力が生じて，電流は急には流れません。まず先に，電圧が最大値になります。

そうだ。それが，**図9**の㋐の状態なんだね。そして，やがて時間が経つと，だんだんと妨げる起電力が減っていき，ようやく電流が流れるようになってきて，妨げる起電力が0になったところで，最大電流が流れるようになるんだ。それが，**図9**の㋑の状態なんだね。つまり，電圧が先に生じ，やがて遅れて電流が流れるんだ。

・POINT ❸・ コイルに流れる交流電流 i_L

電圧 $v = V\sin\omega t$ を加えるとき

電流 $i_L = \boxed{\dfrac{V}{\omega L}} \times \sin\left(\omega t - \dfrac{\pi}{2}\right)$ が流れる

ωL →大ほど，振幅→小

電圧 v よりも $\dfrac{\pi}{2}$ だけ遅れる

> 電流の振幅と位相のずれに注目しよう！

5 コンデンサー C に流れる電流とは？

さて，最後はコンデンサー C に流れる電流 i_C だ。

あのー，コンデンサーの極板間って，電気は流れないでしょ。どうして，コンデンサーに電流が流れるんですか？

それは，**図10**のようにコンデンサーの上の極板に Δq [C] が入ると，同時に下の極板から Δq [C] が出ていくよね。このとき「コンデンサーを Δq [C] の電気量が通過していった」と約束するんだ。

Δq [C] 流入

$+q$

$-q$

Δq [C] 流出

図10 コンデンサーに電流が流れるとは

では，コンデンサーに流れる電流はどうやって求めるのですか？

電流の定義（p.152）に戻ればいいんだ。すると，

$$電流\, i = \begin{pmatrix} 1秒あたりに流れ込 \\ む電気量 \end{pmatrix}$$

$$= \begin{pmatrix} 1秒あたりの極板の \\ 電気量\, q\, の増加分 \end{pmatrix}$$

$$= (q\text{-}t\, グラフの傾き)$$

$$= \frac{dq}{dt}$$

ヒエー，また微分!!

電気量 q

$q=3t$

6

3

1秒あたり3Cずつ増える

0   1   2   時刻 t

図11

大丈夫，q–tグラフの傾きをとっているだけ。**図11**の例では，1秒あたりに電気量qは3Cずつ入るので，流れる電流iは$i = 3$A。これは，**図11**のグラフの式$q = 3t$を時間tで微分して，

$$i = \frac{dq}{dt} = \frac{d(3t)}{dt} = 3\,\text{[A]}$$

としたのと同じだよね。

・POINT ④・ コンデンサーに流れ込む電流 i

$i =$（1秒あたりの q の増加分）

$=$（q–t グラフの傾き）

$= \dfrac{dq}{dt}$

6 コンデンサー C は変化が大好きな性格

図12のように，コンデンサーに電圧$v = V\sin\omega t$……⑦を加えるときに流れる電流i_Cを求めよう。

まず，コンデンサーの基本式$q = Cv$より，電気量qは，

$$\boxed{q = Cv} \underset{\text{⑦より}}{=} CV\sin\omega t \ \cdots\cdots ⑧$$

となるね。

一方，**・POINT ④・**のコンデンサーに流れる電流の式より，

$$\boxed{i_C = \frac{dq}{dt}} \cdots\cdots ⑨$$

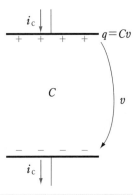

図12　コンデンサーと交流

ここで，⑨に⑧を代入して（つまり⑧を時間 t で微分して），

$$i_C = \frac{d(CV\sin\omega t)}{dt}$$

$$= CV \times \frac{d(\sin\omega t)}{dt} \qquad \leftarrow CV \text{は定数なので，微分の外へ出る}$$

$$= CV\omega\cos\omega t \qquad \leftarrow \sin\omega t \text{の微分は，} \omega\cos\omega t$$

$$= \boxed{\omega CV} \sin\left(\omega t + \frac{\pi}{2}\right) \cdots\cdots ⑩ \leftarrow \cos\theta = \sin\left(\theta + \frac{\pi}{2}\right)$$

となるね。この(i)振幅と(ii)位相についてまとめよう。

(i)　電流の振幅について

⑩より，コンデンサーを流れる電流 i_C の振幅 I_C は，

$$I_C = \boxed{\omega CV}$$

となる。この式より，$\omega C \rightarrow$ 大ほど，$I_C \rightarrow$ 大となることがわかるね。つまり，角周波数 ω が高くて，容量 C が大きいほど，電流は大きく流れるんだね。これは，どんなイメージかな？

コンデンサーは，充電，放電，充電……をくり返すことで電流を流すけど，角周波数 ω が大きいほど激しく電気が出入りし，容量 C が大きいほど大量に電気が出入りするから，ωC が大きいほど，充電放電充電放電充電！……と大きな電流になるというイメージです。

いいイメージだ。このように，コンデンサーは，変化があればあるほど，電流をどんどん流すんだ。つまり，変化が大好きということだね。

(ii)　電圧と電流の位相のずれについて

次に⑦と⑩を，図13のようにグラフにして位相のずれを見てみよう。

図13 コンデンサーの電圧と電流

　図13より，i_C のほうが v よりも $\dfrac{\pi}{2}$ だけ位相が進んでいることがわかるけど，これはどんなイメージだろう。例えば，キミがジュースを飲むときには，㋐ジュースがゴクゴクとのどを通る，㋑ジュースが胃にたまる，どっちが先に起こるかな？

> そんなの，㋐が先で㋑が後に決まっているじゃないですか。のどを通る前に胃にたまったらコワイですよ。

　そうだね(笑)。それと同じで，図13では，まず㋐でコンデンサーにゴクゴクと電気が流れ込むのが先で，やがて，㋑で電気がたまり電圧が生じるのが後になる。つまり，電流が先に流れ，やがて遅れて，電圧が生じるんだ。

・POINT ⑤・ コンデンサーに流れ込む交流電流 i_C

電圧 $v = V\sin\omega t$ を加えるとき

電流 $i_C = \boxed{\omega CV}\sin\left(\omega t + \dfrac{\pi}{2}\right)$ が流れる

$\omega C \to$ 大ほど，振幅 → 大　　　　電圧 v よりも $\dfrac{\pi}{2}$ だけ進む

STORY ③ 交流回路の解法

1 コイル・コンデンサーと交流の表

STORY② より，コイル，コンデンサーは全く正反対の性格をもっていることがわかったね。それを次の表にまとめよう。

（この表では，電流振幅を I，電圧振幅を V とするよ）

・POINT ⑥・ 《コイル・コンデンサーと交流の表》		
	コイル L	コンデンサー C
振幅 I, V の関係 （イメージ法）	$I = \dfrac{1}{\omega L} \times V$ $\left(\begin{array}{l}\omega L \to \text{大ほど，} I \to \text{小} \\ \text{「イヤイヤイヤイヤイヤ……」}\end{array}\right)$	$I = \omega C \times V$ $\left(\begin{array}{l}\omega C \to \text{大ほど，} I \to \text{大} \\ \text{「充電放電充電放電……」}\end{array}\right)$
位相のずれ （イメージ法）	電流のほうが $\dfrac{\pi}{2}$ 遅れる $\left(\begin{array}{l}\text{まずイヤ！と電圧が生じ，} \\ \text{遅れて電流が流れる}\end{array}\right)$	電流のほうが $\dfrac{\pi}{2}$ 進む $\left(\begin{array}{l}\text{まずゴクゴク！と電流が} \\ \text{流れ，遅れて電圧が生じる}\end{array}\right)$
$\omega \to \infty$ とすると	$I \to 0$ となって断線状態になる	$I \to \infty$ となってただの導線と同じになる
$\omega \to 0$ とすると	$I \to \infty$ となってただの導線と同じになる	$I \to 0$ となって断線状態になる

> 抵抗 R については，表にしないんですか？

いいんだよ。抵抗 R については，オームの法則だけで処理できるから，とくに必要ないんだ。つまり，抵抗 R は直流回路でも交流回路でも同じ解法でいいんだ。

この表で自由自在に，電流 i と電圧 v の換算ができるか，次のチェック問題 2 で試してみよう。

抵抗値 $10\,\Omega$ の抵抗 R，自己インダクタンス $10\,H$ のコイル L，容量 $10\,F$ のコンデンサー C それぞれについて，次の値を求めよ。

(1) R に電流 $i = 50 \cos 20\pi t$ が流れているときの電圧 v

(2) L に電圧 $v = 10 \sin 5\pi t$ がかかっているときの電流 i

(3) C に電流 $i = 80 \cos 10\pi t$ が流れているときの電圧 v

解説 (1) 抵抗 R はオームの法則だけで OK！

$$\boxed{v = Ri} = 10 \times 50 \cos 20\pi t = 500 \cos 20\pi t \cdots\cdots 答$$

(2) 《コイル・コンデンサーと交流の表》(p.285)より，振幅と位相のずれに分けて考える。まず，求める電流 i の振幅 I は表より，

$$\boxed{I = \frac{1}{\omega L} \times V} = \frac{1}{5\pi \cdot 10} \times 10 = \frac{1}{5\pi}$$

次に，求める電流 i の位相 θ は，電圧の位相 $(5\pi t)$ より $\frac{\pi}{2}$ 遅れるので，

$$\theta = \left(5\pi t - \frac{\pi}{2}\right)$$

以上より，求める電流 i は，

$$i = \frac{1}{5\pi} \sin\left(5\pi t - \frac{\pi}{2}\right) \cdots\cdots 答$$

(3) 求める電圧 v の振幅 V はコンデンサーの表より，$\boxed{I = \omega C \times V}$ なので，逆に V について解いて

$$\boxed{V = \frac{1}{\omega C} \times I} = \frac{1}{10\pi \cdot 10} \times 80 = \frac{4}{5\pi}$$

次に，求める電圧 v の位相 θ は，電流の位相 $(10\pi t)$ より $\frac{\pi}{2}$ 遅れる。$\left(注\ 電流のほうが電圧より \frac{\pi}{2} 進むことを逆にしただけ\right)$

$$\theta = \left(10\pi t - \frac{\pi}{2}\right)$$

以上より，求める電圧 v は，$v = \frac{4}{5\pi} \cos\left(10\pi t - \frac{\pi}{2}\right) \cdots\cdots 答$

2 交流回路の解法

1 で抵抗，コイル，コンデンサー各装置での交流電流 i，交流電圧 v の変換が自由自在に行えるようになったかい？　それでは，次はいよいよ，各装置が直列，並列につながったときの解法に入ろう。

・POINT 7・ 交流回路の解法

（i）　直列タイプ

STEP1　共通の電流を $i = I\sin(\omega t + \theta)$ と仮定する。

$\left(\begin{array}{l} \text{㊟ はじめから電流 } i \text{ や電圧 } v \text{ が与えられていれ} \\ \text{ばそれに従う。} \end{array}\right)$

STEP2　p.285の《コイル・コンデンサーと交流の表》を用いて，各装置の電圧 v を求める。

STEP3　全体の電圧の和を求める。

$\left(\begin{array}{l} \text{㊟ このとき必ず三角関数の合成公式を用いる。} \\ A\sin\alpha \pm B\cos\alpha = \sqrt{A^2 + B^2}\sin(\alpha \pm \beta) \\ \qquad \text{ただし，} \tan\beta = \dfrac{B}{A} \end{array}\right)$

（ii）　並列タイプ

STEP1　共通の電圧を，$v = V\sin(\omega t + \theta)$ と仮定する。

STEP2　p.285の《コイル・コンデンサーと交流の表》を用いて，各装置の電流 i を求める。

STEP3　全体の電流の和を求める。

チェック問題 ③ 並列交流回路 標準 **15**分

　図の R，L，C の並列交流回
路で，電圧 $v = V\cos\omega t$ が加
えられているとき，
(1)　i_R，i_L，i_C を求めよ。
(2)　コイル，コンデンサーの
　　　リアクタンス R_L，R_C を求
　　　めよ。
(3)　全電流の和 i_e の振幅 I_e を求めよ。
(4)　(3)の I_e が最小となるときの ω とその最小値を求めよ。

解説　《交流回路の解法》(p.287)で，これは「並列タイプ」だね。

(1)　**STEP1** で，共通の電圧は $v = V\cos\omega t$ ……① と与えられているので，
それに従う。

　STEP2　各電流について《コイル・コンデンサーと交流の表》より，

$$\underbrace{i_R = \frac{v}{R}}_{\text{オームの法則}} \underbrace{= \frac{V}{R}\cos\omega t}_{\text{①より}} \cdots\cdots\text{答}$$

$$i_L = \underbrace{\frac{1}{\omega L}V}_{\text{電流振幅}} \times \cos\left(\omega t \underbrace{- \frac{\pi}{2}}_{\text{位相のずれ}}\right)$$

> コイルの表(p.285)より，
> (電流振幅)$= \dfrac{1}{\omega L} \times$(電圧振幅)
> 電流は電圧よりも位相が $\dfrac{\pi}{2}$ 遅れる

$$= \frac{V}{\omega L}\sin\omega t \cdots\cdots\text{答}$$

$$i_C = \underbrace{\omega CV}_{\text{電流振幅}} \times \cos\left(\omega t \underbrace{+ \frac{\pi}{2}}_{\text{位相のずれ}}\right)$$

> コンデンサーの表(p.285)より，
> (電流振幅)$= \omega C \times$(電圧振幅)
> 電流は電圧よりも位相が $\dfrac{\pi}{2}$ 進む

$$= -\omega CV\sin\omega t \cdots\cdots\text{答}$$

別解　三角関数の微分に慣れている人向け

コイルの電圧の式 $\boxed{v = L\dfrac{di_L}{dt}}$ より，$\dfrac{di_L}{dt} = \dfrac{v}{L} \underset{\text{①より}}{=} \dfrac{V}{L}\cos\omega t$

ここで，上の＿＿＿をみたすような i_L は，

$$i_{\mathrm{L}} = \frac{V}{\omega L} \sin \omega t \ \cdots\cdots \boxed{答}$$

コンデンサーの電流の式 $\boxed{i_{\mathrm{C}} = \dfrac{dq}{dt} = C\dfrac{dv}{dt}}$ （$\because q = Cv$）より，

$$\begin{aligned}
i_{\mathrm{C}} &= C\frac{dv}{dt} \\
&= C\frac{d(V\cos\omega t)}{dt} \quad (\because \text{①}) \\
&= CV\omega(-\sin\omega t) \ \cdots\cdots \boxed{答}
\end{aligned}$$

(2)

> リアクタンスって，何だか難しそうな言葉ですね。

　そんなことないよ。抵抗ではオームの法則から，

$$\frac{(\text{電圧 } V)}{(\text{電流 } I)} = (\text{抵抗 } R)$$

として，抵抗，つまり電流の流れにくさを表したでしょ。

　それと全く同じように，交流では，コイル・コンデンサーをも電流を妨げる一種の抵抗とみなしてしまうんだ。そこで，その抵抗値に相当するものとして，

$$\boxed{\frac{(\text{電圧振幅 } V)}{(\text{電流振幅 } I)} = (\text{リアクタンス } R)}$$

と定義するんだ。

　今の場合，コイルではリアクタンス R_{L} は，

$$R_{\mathrm{L}} = \frac{(\text{電圧振幅 } V)}{\left(\text{電流振幅 } \dfrac{V}{\omega L}\right)} = \omega L \ \cdots\cdots \boxed{答}$$

で，たしかに，$\omega L \to$ 大ほど，「イヤイヤイヤ……」と電流が流れにくい（抵抗 R_{L} が大きい）ことと合っているよね。

次に，コンデンサーでは，

$$R_C = \frac{（電圧振幅 V）}{（電流振幅 \omega CV）} = \frac{1}{\omega C} \cdots\cdots 答$$

で，たしかに，ωC→大ほど，「充電放電充電放電……」と電流がよく流れる（抵抗 R_C が小さい）ことと合っているね。

(3)　STEP3で，全電流 i_e は，

$$i_e = i_R + i_L + i_C$$

$$= \underset{\text{(1)より}}{\underbrace{}}\frac{V}{R}\cos\omega t + \frac{V}{\omega L}\sin\omega t - \omega CV\sin\omega t$$

$$= V\left\{\frac{1}{R}\cos\omega t + \left(\frac{1}{\omega L} - \omega C\right)\sin\omega t\right\}$$

この式から，どうやって i_e の振幅を求めるんですか？

そうだね。たしかに，$\sin\omega t$，$\cos\omega t$ がうまくまとまらないと i_e の振幅が求められないよね。そこで，数学で sin，cos をまとめる公式は？

$A\sin\omega t + B\cos\omega t = \sqrt{A^2 + B^2}\sin(\omega t + \beta)$ の合成公式でまとめます。ちなみに，$\tan\beta = \dfrac{B}{A}$ ですね。

まさにその通りだ。その公式を使うと，

$$i_e = V\left\{\underset{A}{\underbrace{\left(\frac{1}{\omega L} - \omega C\right)}}\sin\omega t + \underset{B}{\underbrace{\frac{1}{R}}}\cos\omega t\right\}$$

$$= V\sqrt{\underset{A}{\underbrace{\left(\frac{1}{\omega L} - \omega C\right)}}^2 + \underset{B}{\underbrace{\left(\frac{1}{R}\right)}}^2}\ \sin(\omega t + \beta)$$

これで，$\sin\omega t$ と $\cos\omega t$ が 1 つの項にまとまった。
よって，i_e の振幅 I_e は，

$$I_e = V\sqrt{\left(\frac{1}{\omega L} - \omega C\right)^2 + \left(\frac{1}{R}\right)^2} \cdots\cdots② \cdots\cdots 答$$

(4) (3)の答の②式で，ωをいろいろ変えていったときに，I_eが最小となるのは，$\left(\dfrac{1}{\omega L} - \omega C\right)^2$が最小になるときだけれど，$\left(\dfrac{1}{\omega L} - \omega C\right)^2$の最小値はいくらかい？

> えーと，あ！ 2乗されているものは，マイナスにはならないぞ。マイナスにならないで最小といえば0です。

いいぞ！ よって，I_eが最小となるのは，

$$\frac{1}{\omega L} - \omega C = 0 \cdots\cdots ③$$

となるときだ。この③式より，

$$\frac{1}{\omega L} = \omega C$$

よって，$\omega = \dfrac{1}{\sqrt{LC}}$……答

そのときのI_eの値は，②に③を代入して，

$$I_e = V\sqrt{0^2 + \left(\frac{1}{R}\right)^2} = \frac{V}{R}$$……答

となるけど，これは，どんなイメージ？

> 回路には，そう，まるで抵抗がたった1つだけ存在するだけに見えます。コイル，コンデンサーはどうなったんだろう？

それは，このときのi_Lとi_Cの値を足してみるとわかるよ。

$$i_L + i_C = \frac{V}{\omega L}\sin\omega t - \omega C V\sin\omega t$$

$$= V\left(\frac{1}{\omega L} - \omega C\right)\sin\omega t$$

$$= \underset{③より}{0}$$

こうなるのは，次ページの図のように，コイルとコンデンサーの電流がちょうど逆向きになって打ち消し合っているからだよ。

このとき，コイル L とコンデンサー C の間でのみ，電気が振動しているので，この現象を **LC 並列共振** という。

ちなみに，この振動の周期 T は，

$$T = \frac{2\pi}{\omega} = 2\pi\sqrt{LC}$$

で，p.265で見た電気振動の周期と一致していることは，覚えておいても損はないよ！

チェック問題 4〉 直列交流回路　標準 **15**分

図の R，L，C の直列交流回路で，電流 $i = I\sin\omega t$ が流れているとき，

(1)　v_R，v_L，v_C を求めよ。

(2)　全電圧の振幅が V_0 と決まっているとき，電流 i の振幅 I が最大となるときの ω とその最大値を求めよ。

(3)　㋐ $\omega \to 0$，㋑ $\omega \to \infty$ としたときの，I をそれぞれ求めよ。

(4)　この回路のインピーダンスを求めよ。

解説 《交流回路の解法》(p.287)で，今回は「直列タイプ」だ。

(1) **STEP1** で，共通の電流は $i = I\sin\omega t$ ……① と与えられているので，それに従う。

STEP2 各電圧について《コイル・コンデンサーと交流の表》より，

$$\underbrace{v_{\mathrm{R}} = \underbrace{i \times R}_{\text{オームの法則}} = \underbrace{IR\sin\omega t}_{\text{①より}}} \cdots\cdots \text{答}$$

$$v_{\mathrm{L}} = \underbrace{\omega L I}_{\text{電圧振幅}} \sin\Big(\underbrace{\omega t \ + \frac{\pi}{2}}_{\text{位相のずれ}}\Big)$$

$$= \omega L I\cos\omega t \cdots\cdots \text{答}$$

> コイルの表 (p.285) より，
> (電流振幅) $= \dfrac{1}{\omega L} \times$ (電圧振幅)
> を逆に使うことに注意して，
> (電圧振幅) $= \omega L \times$ (電流振幅)
> とした。また，電流の位相が $\dfrac{\pi}{2}$ 遅れることを逆に考え，電圧の位相が $\dfrac{\pi}{2}$ 進むことを使った。

$$v_{\mathrm{C}} = \underbrace{\frac{1}{\omega C}I}_{\text{電圧振幅}} \sin\Big(\underbrace{\omega t \ - \frac{\pi}{2}}_{\text{位相のずれ}}\Big)$$

$$= -\frac{1}{\omega C}I\cos\omega t \cdots\cdots \text{答}$$

> コンデンサーの表 (p.285) より，
> (電流振幅) $= \omega C \times$ (電圧振幅)
> を逆に使うことに注意して，
> (電圧振幅) $= \dfrac{1}{\omega C} \times$ (電流振幅)
> とした。また，電流の位相が $\dfrac{\pi}{2}$ 進むことを逆に考え，電圧の位相が $\dfrac{\pi}{2}$ 遅れることを使った。

別解 三角関数の微分に慣れている人向け

コイルの電圧の式より，

$$\boxed{v_{\mathrm{L}} = L\frac{di}{dt}}$$

$$= L\frac{d(I\sin\omega t)}{dt} \quad (\because ①)$$

$$= LI\omega\cos\omega t \cdots\cdots \text{答}$$

コンデンサーの電流の式 $\boxed{i = C\dfrac{dv_C}{dt}}$ より，

$$\frac{dv_C}{dt} = \frac{1}{C}i = \frac{I}{C}\sin\omega t \quad (\because ①)$$

ここで，上の ～～～ をみたすような v_C は，

$$v_C = -\frac{I}{\omega C}\cos\omega t \cdots\cdots 答$$

(2) **STEP 3** 全電圧の和 v は，

$$v = v_R + v_L + v_C$$
$$\underset{(1)より}{=} IR\sin\omega t + \omega LI\cos\omega t - \frac{1}{\omega C}I\cos\omega t$$

$$= I\left\{R\sin\omega t + \left(\omega L - \frac{1}{\omega C}\right)\cos\omega t\right\}$$

ここで，必ず使うのは何かな？

 三角関数の合成公式です。p.290と同じです。

そうだ。そこで，合成公式を使ってみると，

$$v = I\left\{\underset{A}{\boxed{R}}\sin\omega t + \underset{B}{\boxed{\left(\omega L - \frac{1}{\omega C}\right)}}\cos\omega t\right\}$$

$$= I\sqrt{\underset{A}{\boxed{R}}^2 + \underset{B}{\boxed{\left(\omega L - \frac{1}{\omega C}\right)}}^2}\ \sin(\omega t + \beta)$$

問題の条件より，全電圧 v の振幅が V_0 となるので，

$$V_0 = I\sqrt{R^2 + \left(\omega L - \frac{1}{\omega C}\right)^2}$$

よって，求める電流 i の振幅 I はこの式より，

$$I = \frac{V_0}{\sqrt{R^2 + \left(\omega L - \frac{1}{\omega C}\right)^2}} \cdots\cdots ②$$

となるね。

ここで，ωをいろいろ変えていったときに②が最大となるのは，分母にある $\left(\omega L - \dfrac{1}{\omega C}\right)^2$ が最小，つまり 0 になったときで，

$$\omega L = \frac{1}{\omega C} \qquad \therefore \quad \omega = \frac{1}{\sqrt{LC}} \cdots\cdots 答$$

で，このときの②の最大値は，

$$I = \frac{V_0}{\sqrt{R^2 + 0^2}} = \frac{V_0}{R} \cdots\cdots 答$$

となる。

(3)　㋐　②式で $\omega \to 0$ とすると，$\omega L \to 0$，$\dfrac{1}{\omega C} \to \infty$ となるので，

$$I \to \frac{1}{\sqrt{R^2 + (0 - \infty)^2}} \underset{\text{分母が}\infty\text{なので}}{=} 0 \cdots\cdots 答$$

　㋑　②式で $\omega \to \infty$ とすると，$\omega L \to \infty$，$\dfrac{1}{\omega C} \to 0$ となるので，

$$I \to \frac{1}{\sqrt{R^2 + (\infty - 0)^2}} \underset{\text{分母が}\infty\text{なので}}{=} 0 \cdots\cdots 答$$

　これらのイメージは，p.285の《表》の $\omega \to 0$，$\omega \to \infty$ と見ると，次の図のようになることがわかるね。

㋐ $\omega \to 0$(つまり直流と同じ)

$i = 0$

断線
$\begin{bmatrix}満タンで \\ もう入らない\end{bmatrix}$

$\omega = 0$ というのは直流と同じ

㋑ $\omega \to \infty$ のとき

$i = 0$

断線
$\begin{bmatrix}\omega \to \infty \ なんて \\ イヤイヤイヤ\cdots\cdots\end{bmatrix}$

(4)

> インピーダンスって名前，聞いただけでムズかしそ～！

　大丈夫。 チェック問題 3 のリアクタンス（p.289）が各装置ごとの抵抗値を表したのと同じで，インピーダンスというのは，交流回路全体としての合成抵抗値を表すんだ。だから，

$$\text{インピーダンス } Z \text{（合成抵抗値）} = \frac{\text{全体の電圧振幅 } V_0}{\text{全体の電流振幅 } I}$$

$$= \underbrace{}_{②より} \sqrt{R^2 + \left(\omega L - \frac{1}{\omega C}\right)^2} \cdots\cdots 答$$

　つまり，この回路は，ω によってその合成抵抗値 Z（電流の通りにくさ）が変化するんだ。とくに，(2)で見たように，$\omega = \dfrac{1}{\sqrt{LC}}$ で最も Z が小さくなり，最大電流が流れる。これを LC 直列共振 という。

　一方，(3)で見たように，$\omega \to 0$，$\omega \to \infty$ となると，$Z \to \infty$ となり，電流は流れなくなるんだね。

　このように，特定の周波数の交流だけよく流すという性質は，ラジオのチャンネル装置にも使われているんだよ。

　つまり，キミが周波数 f〔Hz〕の番組を聴きたければ，$f = \dfrac{\omega}{2\pi} = \dfrac{1}{2\pi\sqrt{LC}}$ をみたすように，コイルのインダクタンス L とコンデンサーの容量 C を調整すればいいのだ。

> 最後までよく頑張りました！

第 **21** 章
ま と め

① コイル・コンデンサーで，電流と電圧を変換する《表》
（電流振幅を I，電圧振幅を V とする）

	コイル L	コンデンサー C
振幅 I, V の関係 （イメージ法）	$$I = \dfrac{1}{\omega L} \times V$$ $\left(\begin{array}{l}\omega L \to 大きいほど, I \to 小 \\ \qquad イヤイヤ\end{array}\right)$	$$I = \omega C \times V$$ $\left(\begin{array}{l}\omega C \to 大きいほど, I \to 大 \\ \qquad 充電放電\end{array}\right)$
位相の ずれ （イメージ法）	電流のほうが $\dfrac{\pi}{2}$ 遅れる （まずイヤ！ 遅れて電流）	電流のほうが $\dfrac{\pi}{2}$ 進む （まずゴクゴク！ 遅れて電圧）

㊟ 抵抗 R についてはオームの法則だけで **OK**！

㊟ 三角関数の微分に慣れている人は
$$v = L\frac{di}{dt}, \quad i = C\frac{dv}{dt} \text{ で求めてもよい。}$$

② 交流回路の解法

（ⅰ）直列タイプ

STEP1 共通の電流 i を仮定。

STEP2 各装置の電圧 v を《表》を利用して求める。

STEP3 全電圧の和を求める（必ず合成公式を用いる）。

（ⅱ）並列タイプ

STEP1 共通の電圧 v を仮定。

STEP2 各装置の電流 i を《表》を利用して求める。

STEP3 全電流の和を求める（必ず合成公式を用いる）。

漆原晃の **POINT** 索引

物理の磁気

重要語句の索引

あ行

か行

さ行

た行

この本を書くにあたり尽力いただきました㈱KADOKAWAの原賢太郎，山崎英知両氏，編集担当の多々良拓也氏に感謝いたします。

漆原　晃（うるしばら　あきら）
　代々木ゼミナール物理科講師。
　東京大学理学部物理学科卒、東京大学大学院理学系研究科修了。
「酸化物巨大磁気抵抗効果の発見」によって、日本物理学会論文賞を
受賞。その論文は世界論文引用件数でトップ10に入り、21世紀の重
要なテクノロジー分野の１つである「スピントロニクス」を開拓した。
日本の物理教育に革命を起こすべく教育界に転身し、現在に至る。
　根本概念をわかりやすく説明し、明快な解法によって難問も基本問
題と同じように解けてしまうことを実践する講義は、受講生の成績急
上昇をもたらすと大人気。その講義は映像授業「フレックス・サテラ
イン」として、全国の代ゼミ校舎、代ゼミサテライン予備校などで受
講可能。
　著書に、本書の姉妹書である『改訂版　大学入試　漆原晃の　物理
基礎・物理［力学・熱力学］が面白いほどわかる本』『改訂版　大学
入試　漆原晃の　物理基礎・物理［波動・原子］が面白いほどわかる
本』、ハイレベル受験生用の参考書『難関大入試　漆原晃の　物理
［物理基礎・物理］解法研究』（以上、KADOKAWA）、『漆原の物理
明快解法講座　四訂版』『漆原の物理　最強の99題　四訂版』（以上、
旺文社）などがある。

改訂版　大学入試　漆原晃の
物理基礎・物理［電磁気］が面白いほどわかる本

2023年５月26日　初版発行
2024年８月10日　４版発行

著者／漆原　晃

発行者／山下　直久

発行／株式会社KADOKAWA
〒102-8177　東京都千代田区富士見2-13-3
電話　0570-002-301（ナビダイヤル）

印刷所／株式会社加藤文明社印刷所
製本所／株式会社加藤文明社印刷所

©Akira Urushibara 2023　Printed in Japan
ISBN 978-4-04-605224-7　C7042